MAMIFEROS DE VENEZUELA

FOTOGRAFIAS: Bars (I.C.F.): 104; S. C. Bisserot (Bruce Coleman Inc.): 45; Jen Des Bartlett (Bruce Coleman Inc.): 87; Bruce Coleman Inc.: 55, 155, 165; L. Delgado: 159; Alberto Fernández Badillo: 60, 69, 71, 73, 75, 79; Agustín Fernández Badillo: 67, 77; Hoogesteijn y Boede: 4, 12, 21, 27, 37, 57, 59, 90, 93, 97, 98, 101, 113, 115, 119, 121, 137, 139, 143, 149, 151, 155, 157, 161, 163, 174, 179, 181, 183, 185; J. Hoyos: 16, 26, 83, 91, 102, 109, 145, 171, 173; R. Lancini: 41; P. A. Milwaukee (Jacana): 167; Myers (Salmer): 127; Okapia: 125; J. Simon (Bruce Coleman Ltd.): 55; Diana Rick Sullivan (Bruce Coleman Inc.): 165; P. Trebbau: 125; K. Weidmann: 3, 8, 14, 25, 32, 47, 49, 51, 53, 85, 117, 141, 147, 151, 179; R. Williams (Bruce Coleman Ltd.): 145; G. Ziesler (Bruce Coleman Ltd.): 186; G. Ziesler: 89, 141.

DIBUJOS: E. Bröckl: 23; J. M. Varela: 39, 43, 95, 133, 135, 169; Voltolina: 153.

Publicación auspiciada por Banco Provincial. S.A.I.C.A.

JAIME TELLO
MAMIFEROS DE VENEZUELA

Edición: INCAFO, S. A.
Fotocomposición: Castellana (Madrid)
Reproducción: Cromoarte (Barcelona)
Impreso por Artes Gráficas Toledo, S. A. (Toledo)
ISBN: 84-499-3098-7
Depósito legal: TO. 846-1979

Oso melero *(Tamandua tetradactyla)*

Venado caramerudo *(Odocoileus virginianus)*

MAMIFEROS DE VENEZUELA

JAIME TELLO

CONTENIDO

Págs.

~~Mono araguato *(Alouatta seniculus)*~~
Marimonda (Ateles belzebuth)

PROLOGO

La Naturaleza es el medio inmediato a partir del cual el hombre ha creado un mundo de cultura y civilización. La transformación de ese medio y el progreso alcanzado por aquella suelen, sin embargo, relegar a un injusto olvido las riquezas y posibilidades contenidas en la Naturaleza en su estado primigenio, especialmente en lo que se refiere a su conocimiento por parte de un público no especializado en las ciencias que la estudian. *Fundación La Salle de Ciencias Naturales* estima que no sólo el riguroso conocimiento científico de la Naturaleza llevado a cabo por instituciones públicas y privadas dedicadas al efecto es el que permite y garantiza su justo uso y preservación; también es necesaria la labor de divulgación seria y responsable que le facilite al gran público el conocimiento de la riqueza del medio natural que le rodea. Sólo así, creemos, se logrará crear un sólido amor por la Naturaleza y, por consiguiente, una conciencia conservacionista que neutralice, por lo menos parcialmente, la devastación que a ella le infringe el acelerado desarrollo del mundo industrial moderno.

Fundación La Salle de Ciencias Naturales viene publicando desde sus inicios como Sociedad de Ciencias Naturales La Salle una serie de libros de investigación y divulgación sobre distintos aspectos de las regiones de Venezuela, destacándose entre ellos los dedicados a la flora y fauna venezolana. En esta oportunidad, bajo el título de *Mamíferos de Venezuela,* publicamos un serio y divulgativo trabajo, fruto de paciente estudio del erudito escritor Jaime Tello, miembro asociado de la Sociedad de Ciencias Naturales La Salle, quien durante varios años viene recopilando valiosos datos sobre los mamíferos venezolanos, los cuales hoy nos ofrece en este atrayente libro.

La variedad de la topografía, del clima y de la vegetación han permitido a Venezuela ser un país que dispone de una de las faunas más ricas y variadas del planeta. Las selvas, las sabanas, las regiones semiáridas, los páramos andinos, los ríos y los mares acogen, cada uno a su manera, a especies y familias diferentes de mamíferos. La riqueza mastozoológica venezolana es de tal índole que contiene un 75% de todas las clases de mamíferos existentes en el mundo. Aún encontramos ejemplares tan típicos y extraordinarios como los desdentados: perezas, osos hormigueros y cachicamos, verdaderos fósiles vivientes, únicos de la América tropical; los marsupiales: rabipelados y comadrejitas, aún más primitivos que los desdentados y que se encuentran sólo en América y Oceanía.

Nuestra fauna mamífera difiere notablemente de la de los países templados de Norteamérica y Europa, en que mantienen conjuntos faunísticos modernos, debido a que las devastadoras glaciaciones que dieron forma a la actual geografía de la Tierra acabaron con las familias más primitivas de esa fauna. América del Sur, en cambio, al quedar aislada durante largos períodos geológicos que impidieron el intercambio normal de fauna, pudo conservar en la región una gran cantidad de especies de mamíferos primitivos. Así es como recién después de la última glaciación ingresaron al continente las órdenes más modernas y cosmopolitas de mamíferos como los cánidos: zorros; los félidos: tigres, pumas, cunaguaros; y los cérvidos. Pero así fue como también se mantuvieron roedores tan grandes y singulares como el chigüire, la lapa, el picure y, además, los monos (Platirrinos) muy diferenciados de los del resto del mundo (Catarrinos), con especies de gran agilidad e inteligencia. Por el mismo hecho, subsistieron en la región los dantas, perisodáctilos primitivos ya extinguidos en otras zonas templadas.

Fue el misionero Gumilla, por el año 1702, quien inició el estudio sobre la vida y costumbres de los mamíferos y animales de la región del río Orinoco. Las exploraciones y trabajos de los naturalistas alemanes Humboldt, Goering, Appun y Moritz, a comienzos del siglo pasado, nos dejan después un gran caudal de información y clasificación de la fauna venezolana, que se suma a la de otros viajeros como Waterton, Schomburgk y Boitard. En 1882, el doctor Ernst edita en Caracas su *Curso de Zoología,* al que se agregan, posteriormente, los estudios de Oldfield Thomas. Mi amigo Eduardo Röhl publica en 1942 su *Fauna Descriptiva de Venezuela* (vertebrados), que se transforma en la primera obra más completa de su tipo editada en el país. Ultimamente, se han publicado importantes trabajos sobre la fauna mamífera nacional por autores como Handley, Méndez, Mondolfi, Ojasti, Medina, Linares y varios otros. En este trabajo por estudiar los mamíferos venezolanos han jugado un papel importante una serie de Instituciones científicas, quienes han aglutinado a científicos y estudiantes criollos y extranjeros, los cuales han realizado aportes de gran interés nacional e internacional. Merecen mención especial la Sociedad de Ciencias Naturales La Salle, la cual hoy cuenta con una valiosa colección de mamíferos silvestres venezolanos; la Universidad Central de Venezuela a través de la Facultad de Ciencias y del Instituto de Zoología Tropical; la Estación del Parque Henri Pittier, donde existe una apreciada colección, y algunas instituciones más.

La visión impresionista que dominaba muchos de los trabajos de los primeros exploradores, en la que la descripción se hacía desde los sentimientos provocados en el observador por los ejemplares encontrados, es reemplazada, modernamente, por la *Etiología:* ciencia del comportamiento animal. Esta ciencia nos ayuda a descubrir algunos de los enigmas de nuestros precursores mamíferos e, incluso, nos depara sorpresas acerca de la semejanza entre la conducta humana y la de algunos de esos "ancestros". Por ejemplo, los chimpancés practican la guerra de modo similar a los humanos, fabrican herramientas y practican formas del canibalismo; los gorilas son capaces de aprender un pequeño vocabulario con el cual forman breves frases, piden cosas y hasta pueden mentir.

La transformación abrupta de algunos de los medios naturales de vida de la fauna mamífera venezolana ha llevado en ciertos casos a la reducción de la variedad y abundancia de estas especies. Es lo que ha sucedido con los dantas y el báquiro careto, que no logran adaptarse a los bosques de sustitución de las selvas vírgenes en que habitaban, modificadas profundamente, cuando no destruidas, por un determinado desarrollo industrial.

Esperamos que esta obra, *Mamíferos de Venezuela,* contribuya en alguna medida a formar conciencia de los peligros contenidos para esa fauna en la alteración incontrolada del medio ambiente natural. Creemos que esta obra se transformará en un material de referencia indispensable para los especialistas, debido a su rigor científico, pero también en una obra que despertará el interés del gran público por estos temas de la fauna venezolana, debido a la llaneza y calidad de la prosa de Jaime Tello.

Agradecemos el apoyo brindado por la Junta Directiva del Banco Provincial, que ha hecho posible la publicación de esta obra, sumándose decididamente a los esfuerzos que se hacen desde distintos sectores de la vida nacional y, en este caso, de *Fundación La Salle de Ciencias Naturales,* por contribuir a la preservación y conservación del medio ambiente natural, especificado, en esta oportunidad, por su extraordinaria fauna mamífera.

Hno. Ginés

INTRODUCCION

Este libro no es, ni pretende ser, un libro original. Es una síntesis de lo que muchos investigadores han escrito. En rigor, es un libro divulgativo, no destinado, evidentemente, a especialistas. Sin ser un libro de texto, hemos hecho un gran esfuerzo por que sea un libro de ayuda para el estudioso de nuestra fauna mayor; para ello, hemos recopilado largas listas donde se mencionan los órdenes, familias, géneros y especies existentes en Venezuela. Esto, creemos, servirá para seguir profundizando en el conocimiento de nuestra rica y original fauna.

Con esta misma finalidad, hemos recopilado al final de la obra una larga y abundante bibliografía, que creemos, es imprescindible en el estudio de la mastozoología venezolana.

La obra está dividida en 12 capítulos, que corresponden a otros tantos órdenes en que se dividen los mamíferos venezolanos. Después de señalar las características primordiales del orden, indicamos la división taxonómica del mismo, haciendo resaltar las familias zoológicas que comprende a nivel nacional y mundial. En el primer caso hemos distinguido a las familias con un asterisco. Se señalan igualmente el número de especies y el nombre vulgar de los principales y más conocidos representantes venezolanos. Luego, hacemos mención de todas las especies conocidas hasta la fecha en el país. En muchos casos nos hemos obligado a omitir el nombre vulgar en la lista de especies por ser prácticamente desconocido en la literatura científica venezolana.

De las largas listas de especies hemos entresacado las que a nuestro juicio nos han parecido más interesantes, a manera de ejemplos del grupo taxonómico que representan y hemos tratado de describirlas con un lenguaje accesible a todos los amantes de nuestra fauna mamífera.

Para el aspecto sistemático hemos seguido la monumental obra *Animal Life Encyclopedia,* editada por Grzimek, con excepción de la familia *Canidae,* que ha sido revisada recientemente.

Otro de los problemas que hemos encontrado, y que nos ha frenado en la descripción de especies venezolanas es la falta de material ilustrativo o fotográfico. En tal sentido, quiero expresar mi agradecimiento a aquellas personas o instituciones que han hecho posible la ilustración de este libro, particularmente al licenciado Jesús Hoyos, a los médicos veterinarios Rafael Hoogesteijn y Boede, a K. Weidmann, a los ingenieros agrícolas Agustín Fernández Badillo y Alberto Fernández Badillo, al médico veterinario Pedro Trebbau, a Luis Delgado, al señor Oppenheimer, Ramón Lancini y a los dibujantes George Voltolina, Emil Bröckl y Juan Manuel Valera y al esfuerzo realizado por INCAFO sobre el particular

Algunas ilustraciones de fácil obtención no las hemos querido agregar por ser del conocimiento de todos, tal es el caso del caballo llanero, el perro mucuchíes y la del hombre venezolano.

Ojalá que las páginas de este libro contribuyan a fomentar el conocimiento y estudio de nuestra rica y maltratada fauna. A pesar de que nos consideren y seamos un pueblo joven, ya muchas de nuestras especies figuran en la "lista roja" de especies amenazadas de extinción. Algunos de nuestros mamíferos ya solo se contemplan en los zoológicos como el oso frontino, el cachicamo gigante o cuspa, el perro de monte, el yaguar, la nutria o perro de agua y varios más. Otros mamíferos que pueden constituir una fuente rica de proteínas en la dieta del venezolano siguen siendo ignorados en su forma de criarlos o reproducirlos en cantidad, desaprovechando de esta forma un valioso recurso natural.

Espero haber cumplido con el encargo que la Fundación La Salle de Ciencias Naturales me encomendó, aportando así una pequeña contribución al conocimiento de los mamíferos de Venezuela.

Jaime Tello

Chigüires *(Hydrochoerus hydrochaeris)*

LOS MAMIFEROS

Los mamíferos, la clase más evolucionada del reino animal, aparecieron hace unos 200 millones de años. Los primeros mamíferos auténticos coexistían entonces con reptiles que tenían algunas características de mamíferos. Pero esto acontecía mucho tiempo antes de que aparecieran los poderosos dinosaurios. Ante tan desigual competencia, es natural que los primeros mamíferos que lograron sobrevivir fueran pequeños roedores e insectívoros que no competían ni en tamaño ni en hábitos alimenticios ni en habitat, naturalmente, con los dinosaurios. Pero pronto los gigantes desaparecieron por incapacidad de adaptarse a un medio ambiente hostil, y los mamíferos empezaron a proliferar y a diversificarse hasta llegar a la rica variedad que esta clase presenta, a pesar de lo reducido de su número de especies. En efecto, de un millón de especies animales sólo unas cinco mil son mamíferos. Hoy los mamíferos pueblan toda la tierra y se les halla en toda clase de terrenos, en el agua, compitiendo en eficiencia natatoria con los peces, y en el aire, exhibiendo habilidades de vuelo iguales o superiores a las aves.

Una característica esencial de los mamíferos es la homeotermia, o sea la capacidad de mantener constante la temperatura de su cuerpo. Para esto la naturaleza los dotó de una serie de mecanismos de gran efectividad. Cuando el ambiente externo se recalienta, el mamífero experimenta una aceleración en el flujo sanguíneo que, al llegar a la piel, hace que el calor se disperse. Otro mecanismo son las glándulas sudoríparas que al emitir humedad a la epidermis hace que la humedad se evapore y ocasione un enfriamiento de la piel. Para contrarrestar el frío, los mamíferos disponen de un espeso pelaje (en el hombre ha desaparecido casi totalmente), que es un eficiente abrigo contra el frío. En las ballenas existe una gruesa capa de grasa debajo de la epidermis, que es un efectivo aislante contra el frío de las aguas que frecuentan.

El pelaje se origina a flor de piel, en los folículos capilares, ubicados oblicuamente. Los pelos crecen en idéntico sentido. Alrededor de cada folículo hay un diminuto músculo que se contrae involuntariamente, lo cual ocasiona la erección de los pelos. Este fenómeno se observa cuando sentimos frío y se nos pone "la piel de gallina", o cuando se nos erizan los pelos por algún susto. Lo propio ocurre en todos los otros mamíferos. También son típicas de los mamíferos las glándulas sebáceas subcutáneas, cuyo objeto es mantener lubricada la piel.

Otra característica de los mamíferos es su dentición, consistente en tres grupos de dientes: los incisivos, los caninos, y los molares, aunque es un rasgo que varía notablemente entre los diversos grupos. Los desdentados carecen totalmente de dientes por lo general, como por ejemplo el oso hormiguero, al paso que otro representante del grupo, el armadillo gigante, posee docenas de pequeños dientes. En los roedores no existen premolares. En fin, cada grupo tiene un tipo de dentición perfectamente adecuada a su tipo de alimentación.

Esta gran variedad en la alimentación es lo que ha hecho posible la supervivencia de los

Yaguar o Tigre americano *(Felis onca)*

mamíferos, ya que la necesidad de controlar la temperatura del cuerpo hace indispensable una ingestión de mayor cantidad de alimentos en las épocas de frío, para producir la energía necesaria que origina una mayor temperatura. Pero este exceso de alimentación ha sido controlado a su vez por el sistema digestivo muy especial que los mamíferos poseen, y por la doble circulación de la sangre —la pulmonar y la restante, que se hallan totalmente separadas.

La más obvia característica de los mamíferos es la posesión de glándulas lactíferas para alimentar a sus pequeños. En los monotremas hay dos glándulas mamarias sin pezón, formadas por multitud de pequeñas glándulas tubulares de las cuales fluye leche hacia dos depresiones mamarias que los pequeños lamen. En los demás órdenes las mamas son visibles, y van desde un par hasta una docena o más, según la capacidad reproductiva de la hembra. Las glándulas mamarias sólo existen en las hembras de los monotremas, al paso que existen en forma rudimentaria también en los machos en todos los demás órdenes. En los monotremas el órgano genital masculino está oculto dentro de la cloaca cuando está inactivo; en los demás órdenes, el pene es externo y visible. Los testículos se hallan en una bolsa llamada escroto, generalmente visible, aunque en los elefantes, por ejemplo, se hallan completamente escondidos dentro del cuerpo.

Existen tres tipos de reproducción en los mamíferos: la ovípara en los monotremas; la marsupial, en que las crías nacen incompletamente desarrolladas y continúan haciéndolo dentro de la bolsa externa de la madre; y la del resto de los órdenes, en que la cría nace completamente formada, en un mayor grado de desarrollo.

El sistema de locomoción entre los mamíferos es generalmente cuadrúpedo; en algunas especies, como los canguros, los ratones salteadores y el hombre, es bípedo.

Otra característica de los mamíferos es la mandíbula inferior con articulación, un prodigioso modelo de adaptación y de evolución gradual a partir de la mandíbula primitiva de los reptiles, como se ha demostrado con el descubrimiento de un reptil fósil, el *Diarthrognathus,* que poseía la mandíbula inferior primitiva de los reptiles y también la articulación maxilar recién formada de los mamíferos a cada lado de la cabeza.

La enorme capacidad adaptativa de los mamíferos hace posible hallarlos en el extremo frío del ártico y en las cálidas llanuras y selvas de los trópicos; viviendo subterráneamente, o en el agua, y a varios miles de metros de altitud; habitando en los árboles, en las llanuras, en los desiertos, en la tundra, en las selvas, en todos los climas y ambientes imaginables. Los hay desde 3,5 centímetros de tamaño, como las musarañas, hasta de 30 metros como la ballena azul.

En pocas décadas, muchas especies han desaparecido, destruidas por el hombre. Unas cuantas lograron salvarse cuando estaban a punto de extinguirse. Pero hay muchas en grave peligro de extinción. El hombre, el gran depredador, sigue cazando, por necesidad a veces (lo cual no implica peligro alguno pues es parte del equilibrio ecológico natural), pero las más por el simple placer de matar, o por afán mercantilista. Afortunadamente cada vez se generaliza más la conciencia conservacionista entre las gentes, y es posible que, gracias a los esfuerzos de las sociedades conservacionistas y a las leyes de protección se logren salvar estas especies amenazadas, algunas de las cuales representan los más bellos ejemplares del reino animal.

Comadrejita *(Marmosa robinsoni)*

MARSUPIALES

En latín, bolsa se dice *marsupium*. De ahí les viene el nombre a estos curiosos mamíferos que, generalmente, tienen una bolsa en la que sus crías terminan de desarrollarse, aunque hay especies en que la bolsa es apenas un pequeño pliegue que oculta las tetas, y en otras está casi totalmente ausente.

Los marsupiales tienen como característica principal el hecho de que el embrión es dado a luz antes de terminar su desarrollo, por lo que la diminuta cría, generalmente de 1/2 a 2 centímetros al nacer, repta inmediatamente a la bolsa donde pasa el resto de su gestación adherida a las tetas de la madre y protegida por la bolsa. Las hembras tienen de 2 a 27 tetas, alineadas en dos o cuatro filas, y a veces en círculo. Nuestro rabipelado *(Didelphis marsupialis)* tiene un número impar de tetas. En los machos, el pene es bifurcado y se halla detrás del escroto, a diferencia de todos los otros mamíferos en que el pene está adelante.

La temperatura del cuerpo es inferior a la de los mamíferos superiores (34-35° C), y es independiente de la temperatura exterior. La corteza cerebral es pequeña, plana, casi sin circunvoluciones, por lo que estos mamíferos son poco inteligentes. El hueso púbico de ambos sexos está equipado de un par de "huesos marsupiales". La bolsa de las hembras puede ser un simple pliegue, más o menos amplio, o bien puede ser una bolsa que se abre posteriormente y está rodeada por un pliegue circular de piel. La bolsa, que puede abrirse anterior o posteriormente, se cierra por medio de un músculo esfínter.

Entre los marsupiales hay especies herbívoras y carnívoras. Y aunque la mayoría tienen apariencia de ratas, existen muchas variantes, como el lobo marsupial de Australia, que es muy parecido a un lobo con bandas transversales sobre el lomo hasta la base de la cola, el famoso canguro y su pariente el wallaby, la comadreja voladora, el koala, y otras muchas formas.

Otra curiosidad de los marsupiales es que las hembras tienen útero y vagina dobles. La existencia de una doble vagina justifica la bifurcación del pene en los machos.

Los marsupiales se hallan sólo en la región australiana y en Nueva Guinea, y en América, desde el sur de los Estados Unidos hasta el norte de la Argentina y en casi todo Chile. Curiosamente, en la parte oriental de la Argentina, casi desde los Andes hasta el mar, no se encuentran marsupiales. Hay 176 especies en Oceanía y 72 en América.

MARSUPIALES

*DIDELPHIDAE (Rabipelados)	65 especies
DASYURIDAE (Ratones marsupiales, Dasiuros, Diablo de Tasmania, Hormigueros marsupiales)	49 especies
BOTORYCTIDAE (Topos marsupiales)	2 especies
PERAMELIDAE (Bandicoots)	20 especies
*CAENOLESTIDAE (Ratón musaraña)	7 especies
PHALANGERIDAE (Cuscuses, Koala, etc.)	48 especies
PHASCOLOMIDAE (Wombats)	2 especies
MACROPODIDAE (Canguros y Wallabies)	55 especies

* Las familias con asterisco están representadas en Venezuela.

Especies Venezolanas

Clase MAMMALIA
Subclase METATHERIA
Orden MARSUPIALIA
Suborden POLYPROTODONTA
Superfamilia DIDELPHOIDEA
Familia DIDELPHIDAE

1. *Didelphis albiventris*	Rabipelado andino; Faro
2. *D. marsupialis*	Rabipelado; Yaguare; Raposa; Quengue
3. *Caluromys lanatus*	Comadreja lanuda
4. *C. philander*	Comadreja
5. *Chironectes minimus*	Perrito de agua
6. *Lutreolina crassicaudata*	Comadreja coligruesa
7. *Marmosa cinerea*	Comadrejita
8. *M. dryas*	
9. *M. fuscata*	
10. *M. impavida*	
11. *M. marica*	
12. *M. murina*	
13. *M. parvidens*	
14. *M. robinsoni*	
15. *M. tyleriana*	
16. *Metachirus nudicaudatus*	
17. *Monodelphis brevicaudata*	
18. *Philander opossum*	

Suborden CAENOLESTOIDEA
Familia CAENOLESTIDAE
Subfamilia CAENOLESTINAE

19. *Caenolestes obscurus*	Ratón musaraña de los Andes

Familia DIDELPHIDAE

COMADREJA

Caluromys philander

La comadreja mide unos cincuenta y cinco centímetros, treinta de los cuales corresponden a la cola, en su mayor parte desnuda y cubierta de pelos en la base. La cabeza es relativamente pequeña, de hocico puntiagudo, con ojos bastante grandes y orejas bien desarrolladas. El pelaje es largo, denso y muy suave, grisáceo en las partes superiores y gris amarillento por debajo. El hocico es también claro. Los ojos están rodeados de un arco obscuro que los hace aparecer más grandes de lo que son en realidad.

La hembra posee dos pliegues, uno a la derecha y otro a la izquierda de la parte posterior del abdomen, bajo los cuales están las mamas.

La comadreja vive en los árboles y se alimenta de pequeños animales, especialmente insectos, pequeños lagartijos, pajaritos, y huevos de aves.

Esta especie es bastante común en toda Venezuela, en las regiones cálidas, en lugares arbolados. También se encuentra en las Guayanas y en la parte norte del Brasil.

PERRITO DE AGUA

Chironectes minimus

Como su nombre lo indica (también lo llaman "Rabipelado de agua") es un marsupial acuático que parece una rata grande, aunque es muy hermoso. Tiene un pelaje suave, denso y lanoso. La cola, más larga que el resto del cuerpo y la cabeza, es escamosa, con unos cuantos pelos rígidos que aparecen entre las escamas. El pelaje de la parte superior es de un color gris cenizo; por debajo, inclusive los labios, es blanco. Sobre el fondo gris resalta una gran banda obscura que va desde la frente hasta la base de la cola; de la banda superior se desprenden bandas laterales que bajan hasta las patas delanteras y traseras, y otra en el centro que baja hasta el abdomen; la cuarta banda baja por el anca. Los dedos de las patas posteriores, en número de cinco, están palmeados, lo cual le ayuda enormemente a ser un estupendo nadador. En las manos hay una especie de sexto dedo, pequeño y rudimentario, sin uña; es en realidad un huesecillo enormemente abultado, cubierto de piel, a modo de un grueso y largo tubérculo. Los dedos de las manos no están palmeados. Las uñas son curvas y fuertes. El hocico es largo y puntiagudo. La hembra posee una bolsa completa.

Es animal de hábitos nocturnos, que habita junto a los cursos de agua, en los bosques de la zona subtropical en la cordillera de la Costa y en los Andes. Al pie de los ríos y quebradas cava una madriguera en la que vive durante el día. De noche pesca con suma habilidad, y se alimenta de peces y huevos de aves acuáticas, así como de pequeños crustáceos de agua dulce (camarones y cangrejos). Es muy arisco, pues al menor ruido se zambulle y desaparece. El *Chironectes* no parece tener, al igual que los otros didélfidos, una época definida de reproducción, sino que ésta puede ocurrir a lo largo de todo el año. La marsupia de las hembras con cría se puede cerrar herméticamente al agua, gracias a que los labios de la bolsa se contraen por ciertas dependencias musculares abdominales que convierten la abertura en un pliegue; la bolsa, además, está recubierta de pelos con una secreción grasienta. Esto permite a las hembras nadar y zambullirse, ya que se han colectado algunas dentro del agua, y además con contenido de peces en el estómago.

Esta especie se encuentra en Venezuela, las Guayanas, el Brasil, y Paraguay. Hay autores que afirman que se encuentra desde Guatemala hasta Colombia, extendiéndose por la Orinoquia y la Amazonia hasta el Departamento de Misiones en la Argentina.

RABIPELADO

Didelphis marsupialis

Originalmente oriundo de Sudamérica, a lo largo de los milenios el rabipelado ha conquistado con éxito el continente norteamericano, siendo el único marsupial existente en la América del Norte. Su éxito colonizador es explicable por su muy flexible adaptabilidad, pues puede comer una gran variedad de alimentos, incluyendo frutas, invertebrados, y pequeños vertebrados. Además, es de una gran fecundidad, de modo que a pesar de lo mucho que se le persigue por ser ladrón de gallineros, pronto reemplaza la población extinta. Por otra parte, sabe "hacerse el muerto": al recibir el menor golpe, se enrolla y se hace una bola y resiste toda clase de ataques fingiendo que está realmente muerto, hasta que el enemigo se cansa y lo abandona. Entonces huye rápidamente.

Su período de gestación es sólo de 12 días. Al nacer, los hijuelos son del tamaño de una abeja y pesan menos de dos gramos. La camada puede ser de hasta veinte, pero como la madre sólo posee trece pezones, unos cuantos no logran sobrevivir. Al nacer reptan con dificultad hacia la marsupia, agarrándose de los pelos de la madre con las manos, que es el único órgano con algún desarrollo. Una vez ubicados en la marsupia, allí permanecen adheridos a las mamas por cien días. Luego salen y se adhieren al lomo de la madre.

El rabipelado mide unos cincuenta centímetros, diez de los cuales pertenecen a la cola pelada y prensil. Los ojos, muy grandes, se hallan rodeados de un anillo gris oscuro. Los pies y la cola son negros hasta la mitad. Cerca del ano tiene dos glándulas que expiden un olor repugnante, pero la carne es realmente deliciosa.

Este animal se encuentra ampliamente distribuido en los bosques tropicales y subtropicales en toda la cuenca amazónica, en Colombia, Perú, Venezuela, las Guayanas y Panamá. La especie norteamericana, según algunos autores, no es en realidad una especie aparte sino apenas una raza diferente de la misma especie sudamericana.

En nuestros Andes habita otra especie (*Didelphis albiventris*) que se encuentra en las selvas altas hasta 3.000 metros de altitud, y se caracteriza externamente por su pelaje más abundante y lanudo.

COMADREJITA

Marmosa murina

La marmosa o comadrejita parece un ratón marrón dorado con una cola prensil. La parte inferior del cuerpo es blanca, al paso que la cola desnuda y las orejas son rosadas. Mide unos treinta y cuatro centímetros de largo, veinte de los cuales corresponden a la cola. El pelaje es espeso y bastante largo. Los ojos protuberantes se hallan rodeados de un anillo oscuro muy notorio.

De hábitos arbóreos, se alimenta de insectos y de pajarillos que roba de sus nidos, aunque también puede comer frutas. La hembra, curiosamente, no tiene bolsa marsupial. Los hijuelos, al nacer, simplemente se adhieren firmemente a las mamas de la madre. Al cumplir un mes abren los ojos y comienzan a comer alimentos sólidos. El género *Marmosa* se halla distribuido en toda América tropical. En Venezuela hay dieciocho subespecies de *Marmosa* a todo lo largo y ancho del país, con una clara especiación territorial de ciertas subespecies.

COMADREJA COLIGRUESA

(Lutreolina crassicaudata)

Este pequeño marsupial, predominantemente acuático, mide unos 30 cm de largo; la cola alcanza unos 35 cm y se caracteriza por ser extremadamente gruesa en su base, debido a grandes depósitos de grasa. El extremo de la cola es delgado, tiene pocos pelos y es menos prensil que en los demás didélfidos. Las patas y las orejas son cortas. Carece de bolsa marsupial. Esta comadreja es excelente nadadora y prefiere el agua, por lo que se la encuentra junto a pantanos y corrientes acuáticas, aunque hacia el sur del continente se la halla también en las selvas y en las pampas carentes de árboles. La piel es de color amarillo dorado.

Descrita originalmente del Paraguay, esta comadreja, la única especie del género *Lutreolina,* habita desde el norte de la Argentina hasta el norte del Brasil, en una faja central que avanza de sur a norte en ese país, muy lejos de la costa. La reciente expedición de la Smithsonian Institution capturó cuatro ejemplares cerca de La Paragua, en la Guayana venezolana, con lo que se amplía notablemente su área de distribución que se creía llegaba sólo hasta el Amazonas.

Familia CAENOLESTIDAE

RATON MUSARAÑA DE LOS ANDES

Caenolestes obscurus

En la era Terciaria existieron en Sudamérica muchos marsupiales. Sus restos fósiles fueron descubiertos por el eminente paleontólogo argentino Florentino Ameghino. Se creía que los componentes de esta familia (Caenolestidae) se habían extinguido, hasta que a fines del siglo pasado Oldfield Thomas estudió una pequeña colección de mamíferos de Sudamérica y halló que algunos pertenecían a esta familia.

Son animales pequeños, de no más de veinticinco centímetros, la mitad de los cuales corresponde a la cola, que está totalmente recubierta de pelos. Tienen el hocico largo y puntiagudo; las orejas son de tamaño mediano, casi totalmente cubiertas por el espeso pelaje, que es muy suave, de color gris oscuro. Carecen de bolsa marsupial, y son de hábitos nocturnos y crepusculares. Viven en la región andina entre Venezuela y Colombia, frecuentando los páramos y bosques altos, junto a cursos de agua, hasta los 4.000 metros de altitud. Se alimenta principalmente de insectos y arañas.

INSECTIVOROS

Los insectívoros son animales pequeños (de 3,5 a 44,5 cm de largo), y se les agrupa en seis tipos:

a) tipo musaraña, de cuerpo alargado y hocico largo, aguzado, y a menudo como trompa de elefante reducida. Las patas son cortas y la cola es generalmente larga (musarañas, solenodontes, tenrecs del arroz);

b) tipo rata, de cuerpo alargado y cabeza más corta que el tipo anterior. La cola es larga y desnuda (erizo peludo);

c) tipo nutria, de cuerpo largo y cabeza relativamente obtusa. La cola es larga y comprimida lateralmente y es usada para propulsión en el agua (potamogales de Africa);

d) tipo erizo, de cuerpo compacto que puede enrollarse hasta hacerse una bola; la cola es corta y no se ve desde el exterior. Tiene el lomo cubierto de espinas (erizos);

e) tipo topo, de cuerpo cilíndrico, nariz aguzada y a menudo como trompa. La cola es generalmente muy corta o larga y usada como timón en el agua. Ojos y orejas pequeñas (topo común, topo dorado);

f) tipo jerboa, con nariz en forma de trompa, ojos y orejas grandes; cola larga; los dos huesos inferiores de las patas traseras están fusionados y son alargados (musaraña elefante).

Los insectívoros son los mamíferos superiores más primitivos y sus formas ancestrales, junto a las de los marsupiales, dieron origen a todos los órdenes de mamíferos que conocemos hoy en día.

Tienen bien desarrollados los sentidos del olfato y del oído; el sentido visual varía según las especies. Pero todos tienen un excelente sentido táctil y vibratorio, lo cual es esencial para su supervivencia.

Los Solenodontes sólo existen en Cuba y Haití, al paso que las musarañas existen en Sudamérica, solamente en Colombia llegando hasta Mérida, de donde procede la única especie conocida de insectívoro venezolano.

INSECTIVORA

SOLENODONTIDAE (Almoquíes)	2 especies
TENRECIDAE (Tenrecs)	24 especies
POTAMOGALIDAE (Patamógalos)	3 especies
CHRYSOCHLORIDAE (Topos dorados)	15 especies
ERINACEIDAE (Erizos)	19 especies
MACROSCELIDIDAE (Musarañas gigantes)	21 especies
*SORICIDAE (Musarañas)	265 especies
TALPIDAE (Topos)	19 especies

Especies Venezolanas

Orden INSECTIVORA. Insectívoros

Superfamilia SORICOIDEA

Familia SORICIDAE. Musarañas

Subfamilia SORICINAE

1. *Cryptotis thomasi* — Musaraña de Mérida

Familia SORICIDAE

MUSARAÑA DE MERIDA

Cryptotis thomasi

Hasta fines del siglo pasado no se conocía insectívoro alguno en Sudamérica. Aún hoy hay autores que dicen no existir en nuestro continente. Sin embargo, desde entonces se han hallado cinco especies de *Cryptotis* presentes en el norte de la América del Sur, hasta el Ecuador, inclusive.

En 1898, Thomas, quien estudió la fauna venezolana andina, halló una especie en los Andes de Mérida, en la Sierra Nevada, a la que nombró *Blarina meridensis.* Cuando se descubrió que pertenecía en realidad al género *Cryptotis,* se le dio el nuevo nombre con que aparece arriba. En 1912, Osgood descubrió otro ejemplar en el Páramo de Tamá, en las cabeceras del río Táchira. Esta especie sólo mide de 100 a 125 mm de largo, sin contar la cola, que mide menos de cuatro centímetros. Es uno de los mamíferos más pequeños del mundo.

A primera vista, parece un ratoncito de pelaje muy corto, suave y aterciopelado, de un color gris plomo oscuro, más profundo en el dorso que en el resto del cuerpo. Las orejas son pequeñitas y están casi cubiertas por el pelaje de la cabeza.

Los dientes presentan la peculiaridad de no ser totalmente blancos, pues las puntas aparecen teñidas de rojo oscuro, como si estuvieran ensangrentadas.

La musaraña de Mérida vive en los páramos andinos en zonas arboladas a unos 3.000 metros de altura; es de costumbres terrestres y se alimenta de insectos, larvas, arañas, lombrices de tierra, etcétera.

Despide un fuerte olor a almizcle, secretado por dos glándulas cutáneas que tiene a los lados del cuerpo.

Recientemente fue encontrada también en El Junquito, región montañosa cercana a Caracas, lo cual constituye un descubrimiento de gran interés zoogeográfico.

~~Mono araña *(Ateles belzebuth)*~~

Araguato (Alouatta seniculus)

PRIMATES

Durante el Oligoceno, aparecieron en la tierra los primeros representantes del orden de los Primates. Se caracterizan por poseer dentadura completa (como en el hombre), fosas orbitales bien separadas de los temporales y orientadas hacia adelante, y extremidades plantígradas. Todos los géneros, menos el hombre, poseen pulgares oponibles a los otros dedos en todas las extremidades, lo cual hace que pies y manos sean prensiles. Otra característica de los Primates es que las hembras poseen dos mamas en el pecho.

Tienen el cuerpo cubierto de una pelambre de colores a veces muy vivos; paren generalmente una sola cría después de una gestación de entre tres y nueve meses; son generalmente gregarios; la mayoría de los géneros viven en los árboles (sólo algunos de los grandes simios prefieren vivir en el suelo), y son de hábitos diurnos en su mayoría.

Existen 193 especies de primates vivientes, 70 de las cuales se hallan en las regiones neotropicales de Centro y Sudamérica, y 123 en Africa y en el sur de Asia.

Las especies menos avanzadas incluyen los lémures de Madagascar, los gálagos de Africa y los loris y tarseros del sur de Asia. Todos éstos, junto con las musarañas de árbol, se agrupan dentro del grupo llamado Prosimios, y comprenden 53 especies.

Los primates más evolucionados son los llamados antropoides, que incluyen 70 especies de monos del Nuevo Mundo, 58 del Viejo Mundo, 11 especies de grandes monos, y el hombre mismo, con un total de 140 especies. Los antropoides tienen rostros más achatados y expresivos y cerebros más desarrollados que los prosimios. Casi todos los antropoides son de hábitos diurnos; la única excepción es el *Aotus,* llamado "dormilón" o "cararrayada", que es nocturno. Los prosimios, en cambio, son de hábitos predominantemente nocturnos, como lo demuestran sus grandes ojos adaptados para ver en la oscuridad.

Todos los monos del Nuevo Mundo son arbóreos, como la mayoría de los del Viejo Mundo, aunque algunos de éstos han abandonado los árboles y se han adaptado a la vida en las llanuras o entre las rocas. A igual que el hombre, han perdido muchas de sus especializaciones arbóreas, y han desarrollado nuevas adaptaciones secundarias para vivir en el suelo. Los monos del Nuevo Mundo (Cébidos), por otra parte, tienen generalmente cola prensil. Los del Viejo Mundo (Catarrinos) tienen, en el lado interno de las mejillas, dos bolsas características: los abazones.

PRIMATES

TUPAIIDAE (Musarañas de árbol)	18 especies
LEMURIDAE (Lémures)	16 especies
INDRIIDAE (Indridos)	4 especies
DAUBENTONIIDAE (Aye-aye)	1 especie
LORISIDAE (Loris, etc.)	11 especies
GALAGIDAE (Gálagos, Bushbabies)	6 especies
TARSIIDAE (Tarseros)	3 especies
*CEBIDAE (Titís, Uakaris, Sakis, Aulladores, Capuchinos, Monos-ardillas, Monos-arañas y Monos lanudos)	37 especies
CALLIMICONIDAE (Calimicos)	1 especie
CALLITRICIDAE (Leontocebos y Tamarinos)	33 especies
CERCOPITHECIDAE (Macacos, Babones, Mandriles, etc.)	58 especies
COLOBIDAE (Monos langures)	25 especies
HYLOBATIDAE (Gibones)	7 especies
PONGIDAE (Gorilas, Orangutanes, Chimpancés)	4 especies
*HOMINIDAE (Hombre)	1 especie

Especies Venezolanas

Orden PRIMATES
Suborden SIMIAE
Infraorden PLATYRRHINA
Superfamilia CEBOIDEA
Familia CEBIDAE

Subfamilia AOTINAE

1. *Aotus trivirgatus*	Mono cararrayada; Dormilón
2. *Callicebus torquatus*	Viudita

Subfamilia PITHECINAE

3. *Pithecia pithecia*	Viuda; Viudita carablanca
4. *Cacajao melanocephalus*	Mono chucuto
5. *Chiropotes satanas*	Capuchino del Orinoco

Subfamilia CEBINAE

6. *Cebus albifrons*	Mono carablanca; Cariblanco; Mono blanco
7. *Cebus apella*	Mono machín
8. *Cebus nigrivittatus*	Mono machango; Maicero; Chuco; Say; Capuchino; Carablanca; Mono frontino; Machín
9. *Saimiri sciureus*	Mono tití; Mono ardilla

Subfamilia ALOUATTINAE

10. *Alouatta seniculus*	Araguato; Mono aullador

Subfamilia ATELINAE

11. *Ateles belzebuth*	Marimonda; Mono araña; Coaita
12. *Lagothrix lagothrica*	Mono caparro

Superfamilia HOMINOIDEA
Familia HOMINIDAE

13. *Homo sapiens*	Hombre

Familia CEBIDAE

MONO CARARRAYADA; DORMILON

Aotus trivirgatus

Este es el único mono verdaderamente nocturno. Duerme de día en oquedades arbóreas, y cuando se le despierta se asoma abriendo sus inmensos ojos para investigar. Corre en cuatro patas, y salta de rama en rama, usando la cola no prensil como balancín. Tiene una voz muy sonora, debido a unos sacos de aire que tiene en la garganta y a la costumbre de estirar los labios y formar una especie de embudo. Sus gritos se asemejan a los del perro, o del gato, o del yaguar, según diversas opiniones. Se alimenta de insectos (a menudo capturados al vuelo), pajarillos, murciélagos, frutas y hojas. Bebe rara vez, ya que, viviendo de noche, se deshidrata poco; lamer el rocío o comer retoños frescos le basta para hidratarse. Mide unos 80 cm de largo, de los cuales más de la mitad corresponden a la cola. Su pelo es lanudo y muy denso.

Se le encuentra al sur del Orinoco en las selvas de la zona tropical y subtropical hasta los 2.100 metros de altitud, en el territorio Amazonas, desde el Casiquiare y el río Negro hasta Puerto Ayacucho y el río Manapiare; en el Estado Bolívar, se le ha capturado en la parte nordeste, en el Caño Maniapure. Una subespecie, *Aotus trivirgatus griseimembra,* se halla en las selvas del lago de Maracaibo, tanto en la margen occidental como en la oriental.

Boitard, un botánico francés que visitó Venezuela a mediados del siglo pasado, dejó una pintoresca descripción de este curioso animalito: "En las orillas del Orinoco y en las selvas de Esmeralda, se escucha a veces, durante la noche, un grito terrible que se tomaría por el de un tigre, que llena de pavor al viajero. Este grito parece articular las sílabas *muh-muh;* de pronto le sucede una especie de maullido no menos siniestro: *e-i-au...* Ya el europeo, espantado, lleva la mano a sus armas, cuando el feroz animal se deja ver a los brillantes rayos de la luna... Es un tití tigre, un mono nocturno, apenas del tamaño de un conejito, menos peligroso que una ardilla, sin resistencia alguna que oponer al hombre que lo ataque, porque su lentitud y torpeza no le permiten servirse de sus dientes y de sus afiladas uñas. Sin embargo, no se rinde sin haber intentado asustar por lo menos a su enemigo, para lo cual se eriza, hincha el lomo en arco, como lo hace un gato, infla la garganta, y lanza un grito mucho menos terrible, pero no menos desagradable que el primero: *quer-quer...* Este animal triste y solitario, vive con su hembra en el fondo de las selvas más desiertas, y rara vez se halla más de una pareja en la misma zona de una gran selva. No baja al suelo más que en raras ocasiones, y accidentalmente, y pasa todo el día durmiendo sobre un árbol al lado de su hembra, a la que no abandona sino cuando la muerte los separa. La ama con ternura, comparte con ella las pequeñas necesidades de la familia, y contribuye en mucho a la educación de sus hijos."

LA VIUDITA

Callicebus torquatus

"Este animalito", dice Humboldt, "tiene el pelo suave, lustroso y de un bello color negro. Cubre su faz una careta de forma cuadrada y de un color blanquecino que tira a azul. Comprende esta máscara los ojos, la nariz, y la boca. Las orejas tienen un reborde, y son chicas, muy bonitas, y casi desnudas. Tiene el cuello de la viudita por delante una zona blanca de una pulgada de ancho, que forma un semicírculo. Los pies, o más bien las manos posteriores, son negras como lo demás del cuerpo, pero las manos anteriores son blancas por fuera y de un negro reluciente por dentro. Es en estas marcas o manchas blancas en lo que los misioneros creen ver el velo, el pañuelo del cuello, y los guantes de una *viuda de luto*. El carácter de este monito, que no se para en sus extremidades posteriores sino para comer, se revela muy poco en su apariencia. Tiene un aire tímido y dulce: con frecuencia rehusa los alimentos que se le ofrecen, aun cuando esté atormentado por un apetito devorador. Apenas le gusta la sociedad de los demás monos. La vista del Saimiri más chico le pone en fuga. En sus ojos se advierte mucha vivacidad. Hémosle visto permanecer horas enteras inmóvil, sin dormir, atento a todo lo que acaecía en torno suyo; pero esta timidez y esta dulzura son aparentes no más. La viudita aislada, abandonada a sí misma, se vuelve furiosa en presencia de un pájaro. Trepa y corre entonces con maravillosa rapidez, se arroja sobre su presa como un gato, y degüella cuanto puede atrapar. Este mono, muy raro y delicado, se halla en la ribera derecha del Orinoco, por las montañas graníticas que se elevan detrás de la misión de Santa Bárbara, y también habita en las riberas del Guaviare, cerca de San Fernando de Atabapo. La viudita ha hecho con nosotros todo el viaje del Casiquiare y río Negro, atravesando dos veces las cataratas".

El cuerpo de la viudita mide 92 centímetros, 57 de los cuales pertenecen a la cola no prensil. No tiene una época especial de celo, y tiene un sola cría. Pero por vivir siempre en las ramas más altas de los árboles de la selva, poco se conoce de sus costumbres reproductivas. Son omnívoros y se alimentan de frutas, insectos, huevos de pájaros, y pequeñas aves. Viven en parejas o en grupos familiares de cinco o seis individuos y son muy ruidosos cuando están reunidos en su ambiente natural. Tienen una voz resonante que llega a grandes distancias. Son especialmente ruidosos al amanecer.

Según Mondolfi, "se halla localmente distribuido en selvas de la zona tropical que bordean los ríos en el Territorio Amazonas desde el río Negro y el Casiquiare y el Alto Orinoco (río Cunucunuma) hasta el Alto Ventuari. En el Estado Bolívar, donde es raro, ha sido coleccionado hacia el oeste en el río Caura (Maripa) y en el río Antabari, afluente del Paragua".

MONO CHUCUTO

Cacajao melanocephalus

El *Cacajao* tiene la cara y la cabeza desprovistas de pelo, y en el resto del cuerpo la pelambre es larga y muy poco espesa. El color es pardo claro en los lomos y más oscuro en el pecho y el vientre. La cola es sumamente corta (sólo 20 centímetros de un total de 70 de longitud total), y no tiene utilidad aparente. Se mueve normalmente en cuatro patas, pero al parecer ocasionalmente camina erecto con los brazos elevados, lo cual le da una extraña apariencia, con su cuerpo alargado y la larga pelambre flotando tras él, agitada por el viento. Los rasgos faciales son definitivamente antropomorfos.

Cuando se les perturba muestran su furia enrojeciendo la calva cabeza. Si uno se les acerca demasiado pueden responder con un chasquido lento y rítmico de los labios. Estos monos tienen una gran capacidad para saltar, y a pesar de ser tímidos y mansos no se adaptan bien a la cautividad. Comen principalmente frutas y hojas, usando las manos y muñecas como bandejas de donde toman la comida con la boca. El mono chucuto es más activo durante el día, moviéndose en grupos familiares o en pequeñas tropas a través de las ramas más altas. Se le encuentra en las selvas húmedas del río Negro y del Casiquiare.

Esta especie, al igual que el *Pithecia* y el *Chiropotes* se ha logrado mantener en cautiverio en algunos zoos de Estados Unidos y Europa, mediante una dieta muy variada, amplio espacio con facilidades para saltar, y ambiente muy húmedo y cálido, lo cual antes había resultado imposible.

EL CAPUCHINO DEL ORINOCO

Chiropotes satanas

Este mono, del que se conocen dos subespecies en Venezuela, vive en las selvas tropicales al sur del Orinoco, preferentemente en las riberas de ciertos ríos (río Negro, Casiquiare, Caura, Ventuari, Alto Orinoco y Caño Maniapure). El color de su pelaje es marrón rojizo, de largos pelos lacios. La cara negruzca es lampiña. La cabeza, que está cubierta de un vello largo, tiene un cerquillo como el de los frailes capuchinos, de donde le proviene su nombre popular. La cola es hermosa y mide unos 40 centímetros, tanto como el resto del cuerpo y la cabeza. Tiene una larga barba que le llega hasta el pecho, de color más oscuro, y arranca de detrás de las orejas. Esta barba la tienen tanto los machos como las hembras. Su alimentación parece ser principalmente a base de frutas.

VIUDITA CARABLANCA

Pithecia pithecia

"Muy localmente distribuido en las selvas de la zona tropical", dice Mondolfi. Según este autor, se le halla "en el Territorio Amazonas en la región del río Negro y el Alto Orinoco hasta el Cunucunuma. En el Estado Bolívar ha sido colectado al sudeste de El Manteco, en El Palmar, la altiplanicie de Nuria y al sudeste de El Dorado; también habita en las selvas del delta del Orinoco."

Mide unos 80 centímetros, la mitad de los cuales corresponde a la cola. El color de su espesa pelambre varía según la edad y el sexo. Los machos viejos son totalmente negros, a excepción de la cabeza que tiene una máscara de color blanco-grisácea; los jóvenes, en cambio, tienen esta parte del cuerpo de un color rojizo dorado, al paso que el pelaje de las hembras es grisoso en las regiones superiores y gris rojizo en las inferiores. La diferencia de coloración entre los sexos es tan marcada, que por mucho tiempo se pensó se trataba de especies diferentes. Viven en el espesor de los matorrales más bien que en los árboles altos, en grupos de seis a diez individuos, merodeando en busca de retoños, frutos e insectos, y según se cree, de panales de miel. Consumen también pajaritos y pequeños mamíferos como ratones y murciélagos, los cuales son desollados antes de ser consumidos.

Aunque no es difícil domesticarlos, no son felices en cautiverio y se muestran miedosos y tristes, ya que necesitan condiciones muy especiales de ambiente.

EL ARAGUATO

Alouatta seniculus

Del mismo modo que las aves canoras, los araguatos defienden su territorio vocalmente. Al amanecer y al atardecer se inicia la sonora gritería de estos monos rojizos; a los gritos de un grupo responde otro, y otro, hasta producir un ruido atronador. La gran resonancia de su voz depende de una caja ósea, que no es otra cosa que el aparato hioideo modificado, que en la mayoría de los mamíferos constituye el esqueleto de la lengua. Para dar sitio a este aparato, que está especialmente desarrollado en los machos, los araguatos tienen muy desarrolladas la mandíbula y la garganta, que están parcialmente ocultas por la espesa barba que ostentan. Aparte del grito original que emiten, pueden producir al menos otros ocho tipos de sonidos diferentes, como si se tratara de un verdadero lenguaje.

Los araguatos son los monos más grandes del Nuevo Mundo; miden un metro con cuarenta centímetros de largo, la mitad de los cuales corresponde a la cola prensil. El pelo es de color rojizo o rojo dorado en la parte superior del cuerpo, al paso que las partes inferiores son casi desnudas. La cabeza es leonada y roja, y es rojiza también la superficie desnuda de manos y pies. La cara es negra. Lo curioso es que al lavarlos, el agua queda enrojecida pues el color destiñe hasta que el pelaje queda de un color dorado. Algunos días después, sin embargo, recuperan su color original.

Su gestación dura unos cuatro meses y medio y el monito es llevado en el lomo de la madre hasta que cumple un año de edad. Los araguatos habitan las selvas tupidas de las regiones, en grupos de cinco individuos hasta 20 ó 30, de diferentes sexos y edades. Rara vez saltan, sino que caminan en cuatro patas por las ramas, con gran seguridad, y a veces se cuelgan de la cola y se balancean para alcanzar alguna fruta apetitosa. Se alimentan principalmente de frutas, retoños tiernos, hojas, y ocasionalmente de huevos y de pequeños vertebrados.

La subespecie *Alouatta seniculus arctoidea* se halla en las selvas húmedas de la cordillera de los Andes y de la costa. Otra subespecie *Alouatta seniculus stramineus,* se encuentra en las selvas del Territorio Federal Amazonas y del Estado Bolívar.

MONO CAPUCHINO O MACHANGO

Cebus nigrivittatus

De las cuatro especies de *Cebus* existen tres en Venezuela: *Cebus apella, Cebus albifrons* y *Cebus nigrivittatus,* con doce subespecies. Viven en selvas de galería y en selvas húmedas tropicales y subtropicales en grupos de hasta treinta animales. Los grupos se mantienen en las copas de los árboles, bajando rara vez al suelo, en un área más o menos fija, según la disponibilidad de alimento. Son de una delgada constitución y de una extraordinaria agilidad. Se han reportado casos en que se les ha visto saltar hasta quince metros abajo, de una rama a otra. Comen hojas, frutas, insectos, pajarillos, larvas y arañas que extraen de bajo las cortezas de los árboles. Con frecuencia asaltan la plantación para robarse las frutas y el maíz principalmente. Los campesinos los capturan aprovechándose de su amor por el maíz. Colocan unos cuantos granos en un calabazo de boca angosta, que atan a un árbol. El mono introduce la mano, se apodera del maíz, y mantiene el puño cerrado, de modo que cuando quiere huir no puede hacerlo, pues en modo alguno afloja el puño.

Son animales de gran viveza y de evidente inteligencia. Son persistentes, más que cualquier otro mono, para obtener lo que desean. Usan palitos y ramitas para alcanzar el objeto deseado, y se las ingenian para resolver los problemas que se les presentan. Si, por ejemplo, no pueden romper una nuez golpeándola, entonces buscan una piedra y la trituran. Se dice que en cautividad han hecho dibujos y pinturas. Es el único de los monos inferiores capaz de realizar semejantes actividades. Se untan el cuerpo de saliva, y en ocasiones se orinan las manos. Son ruidosos y producen un sonido quejumbroso con el que se mantiene unida la tropa. Son fácilmente domesticables y muy utilizados en laboratorios de experimentación médica.

El lomo y los costados son de color parduzco; las piernas, pies y cola son de color más oscuro, y la cara es de color plomizo. Mide hasta unos cuarenta centímetros de largo, la mitad de los cuales corresponden a la cola prensil. Su gestación dura aproximadamente seis meses y generalmente paren un solo monito.

EL MONO TITI

Saimiri sciureus

El mono tití es tal vez el primate más común en toda América del Sur. Se le encuentra en grupos de hasta cien individuos en los bosques ribereños de los ríos, pues se alimentan principalmente de las flores y hojas de las plantas trepadoras que allí se encuentran, aunque parece que también devoran ranitas, caracoles y avecillas.

Son curiosos, ruidosos y peleadores. De noche se disputan furiosamente las posiciones centrales en la tropa, cuando duermen envolviéndose en la cola para abrigarse. No hace mucho se ha descubierto que los machos establecen su predominio amenazándose entre sí con el pene erecto.

El color del lomo es verde oliva, las patas inferiores son blanco-amarillentas, y las patas y piernas son de color naranja. Tienen una máscara blanca alrededor de los ojos y la boca. Esta, así como la punta de la cola, son negras. Miden apenas unos setenta centímetros, cuarenta de los cuales pertenecen a la cola no prensil. Es un animalito alegre y juguetón, por lo cual se le domestica frecuentemente, aunque no tolera fácilmente el traslado a un ambiente distinto a aquel en que ha nacido.

En relación con el peso de su cuerpo, este mono tiene el cerebro más grande de entre todos los primates. El mismo tiene pocas circunvoluciones, pero tiene muy desarrolladas las regiones cerebrales que, en conjunto con el ojo, controlan los movimientos rápidos y maniobras difíciles. Tienen una agilidad increíble para saltar y trepar. Su gestación dura unos seis meses y generalmente paren un solo monito, como los otros monos de esta familia. Al igual que el capuchino, se frota el pelaje con orina y asimismo es utilizado en laboratorios de experimentación y como mascota, lo cual ha ocasionado un tráfico ilegal de miles de estos bellos monos, desde ciertas regiones amazónicas. En Venezuela el mono ardilla o tití está distribuido en las selvas tropicales al sur del Orinoco.

LA MARIMONDA

Ateles belzebuth

Dos subespecies de *Ateles* se hallan en Venezuela. El nombre común general es el de "monito araña". Tienen el cuerpo muy delgado y las extremidades muy largas y musculosas. Para trepar se balancean colgándose de las ramas, usando las manos como ganchos, como lo hacen el gibón y el chimpancé. Como para este objetivo los dedos pulgares opuestos son poco útiles, en estos monos están atrofiados o totalmente ausentes. La cola musculosa es fuertemente prensil, y en la parte inferior de la punta tiene una mancha desnuda y estriada, que le da gran sensibilidad y fuerza de agarre. En el mono araña la cola no es tan sólo un órgano de locomoción, sino que es usada como un quinto miembro para tomar objetos, particularmente si no están al alcance de la mano.

Es uno de los monos más grandes del Nuevo Mundo. Su longitud alcanza cerca de un metro y medio; la cola mide casi un metro. El pelaje es abundante y está formado por pelos largos y ásperos de color marrón oscuro, aclarándose en el anca y los muslos. La cabeza, piernas y cola son de un negro azabache.

En cautividad son afectuosos y muy mansos, por lo que se les domestica y se les conserva en las casas como adorno.

Los monos araña usualmente se reúnen en grupos que habitan territorios bien delimitados. Su alimentación es principalmente vegetal (frutas, nueces y brotes tiernos) y en menor grado consumen también insectos, sus larvas, y vertebrados menores. No tienen época definida de reproducción; su gestación dura unos cuatro meses y medio, después de los cuales el monito recién nacido permanece encaramado sobre su madre y dependiente de ella hasta aproximadamente los diez meses de edad. Las hembras de esta especie tienen un clítoris muy grande y pendulante, mientras que el pene en los machos es pequeño e inaparente. La marimonda es uno de los monos más apetecidos en la dieta de los indígenas que habitan las cabeceras del Orinoco.

La subespecie *Ateles belzebuth belzebuth* se encuentra en las selvas tropicales del territorio Amazonas y en el río Caura en el Estado Bolívar; la subespecie *Ateles belzebuth hybridus* se halla ampliamente distribuida en las selvas tropicales de la cuenca del lago de Maracaibo, en la serranía de Perijá, y en las partes bajas de los Estados Trujillo, Mérida y Táchira que dan al lago. También se encuentra en el piedemonte andino en los Estados Barinas, Portuguesa y Apure. Ocasionalmente se le ha hallado en la Cordillera de la Costa.

EL MONO CAPARRO

Lagothrix lagothricha

Esta especie, descrita por Humboldt, de las orillas del Guaviare, en la comisaría del Vaupés, en Colombia, se halla muy localmente distribuida, y es bastante escasa en las selvas del Alto Orinoco y del Guainía. El cuerpo es robusto y cubierto de un pelaje suave y lanoso, de color gris plomizo o acerado con diferentes variaciones de color. La cola es gruesa y peluda, muy fuertemente prensil y lampiña por debajo en el extremo. La cara es lampiña, de color negro, con labios muy móviles y una expresión muy humana. Los caparros viven en tropillas compuestas de machos, hembras y crías, aunque ocasionalmente se encuentran machos viejos solitarios. En ocasiones se asocian con manadas de araguatos y de capuchinos. Su dentadura indica que son preferentemente frugívoros, aunque no desprecian presas animales.

Es un animal cariñoso y tranquilo en cautividad. El naturalista E. Miller, quien exploró el Orinoco en 1912, escribe lo siguiente sobre uno de estos monos que tuvo en cautividad: "Lo puse en una habitación en que había otros animales, incluyendo un gatico, un mono tití y un báquiro pequeño, y es increíble la cantidad de maldades que tenía que soportar de todos ellos, sin que lograsen hacerlo enojar. El gato saltaba tras él y lo arañaba, o le mordía la cola; si estaba dormido, el báquiro venía invariablemente a acostarse a su lado para usarlo como almohada; el tití se ponía a caballo sobre él, y las gallinas le robaban la comida; pero él seguía siempre feliz y contento. Estaba muy orgulloso de un collar de gruesas cuentas coloradas que llevaba siempre, y si se le daba una cuchara o una pelota, se pasaba largo rato en el mismo sitio. Le agradaba mucho mecerse en una hamaca, puesto de pie en ella, agarrándose al respaldo con las manos y la cola, y tirando como de una bomba para moverla. Cuando comía, ponía los huevos o los frutos más altos que su cabeza y chupaba desde abajo el contenido sin desperdiciar ni una gota..."

CAPUCHINO FRONTINO

(Cebus albifrons)

El capuchino frontino es pequeño y delgado, de miembros delicados. Mondolfi distingue cuatro subespecies: *Cebus albifrons adustus,* que habita "en el piedemonte de la parte norte-central de la Sierra de Perijá, entre los ríos Palmar y Tucuco"; *Cebus albifrons cesarae,* proveniente del nordeste de Colombia, que se extiende hasta la parte norte de los Montes de Oca, en la región del río Guasare; *Cebus albifrons leucocephalus,* que se halla en las selvas de la región sur del Lago de Maracaibo; y *Cebus albifrons unicolor,* "de distribución bastante localizada en selvas de la zona tropical del Territorio Amazonas, desde la región del Duida en el Alto Orinoco, el Casiquiare, y el Río Negro". La forma típica, *Cebus albifrons albifrons,* reconocida por Cabrera, se encuentra, según este autor, en el Alto Orinoco.

"Por décadas", dice Heinemann, "los capuchinos han sido los 'animales de exhibición' de los psicólogos de animales y, más tarde, de los etólogos. En relación con el peso de su cuerpo el tamaño del cerebro es desconcertantemente grande. Es apenas un poco menor que el del mono tití, pero está mucho más desarrollado. La manera como los capuchinos cautivos usan herramientas para abrir nueces se ha observado frecuentemente. Golpean las nueces con piedras o con bloques de madera. A veces las golpean vigorosamente con una o ambas manos contra el piso, o contra las paredes... Como otros monos, los capuchinos se acicalan la piel propia y la de sus compañeros con gran cuidado y persistencia. Rápidamente se peinan con los dedos y remueven la caspa o trozos de mugre con los dedos, los labios, o la lengua, y se lo comen. Muy raramente los ectoparásitos pueden sobrevivir a tan intenso cuidado corporal. Durante estas sesiones de tratamiento de belleza los monos gruñen contentos, indicando una sensación de bienestar. A los capuchinos les gusta frotarse la piel con materiales fuertemente olorosos como cebollas, agua de colonia o cáscaras de naranja".

CAPUCHINO MACHIN

(Cebus apella)

Los monos capuchinos del Nuevo Mundo se parecen tanto a los cercopitecos y macacos del Viejo Mundo, que por mucho tiempo se pensó que estaban íntimamente emparentados. Su parecido no radica sólo en su apariencia exterior, sino en su comportamiento. Los monos capuchinos son completamente arborícolas, y sólo bajan al suelo a beber. Se les halla en las selvas húmedas y cálidas del Delta del Amazonas, y también en los bosques de las montañas andinas hasta alturas de más de 1.600 metros. "Dentro de esta vasta área geográfica", dice Heinemann, "que está interrumpida por ríos, cadenas de montañas, estepas y tierras cultivadas, la apariencia de los capuchinos varía grandemente. La clasificación en especies y subespecies es aún más difícil que en otros géneros de monos del Nuevo Mundo. Sabemos sin embargo, que en varias regiones, diversas formas de capuchinos viven unas al lado de otras sin cruzarse. Esto parece una indicación cierta de que se trata de especies distintas y no simplemente de subespecies".

El capuchino machín es más robusto que las otras especies de *Cebus*. Los miembros son más compactos y más cortos, y la cola es más fuerte y está densamente poblada. La pelambre es más larga y áspera. La característica mancha obscura sobre la cabeza se extiende sobre todo el cráneo y a menudo surgen allí manojos de pelos largos.

Como todas las especies del género es un monito juguetón y alegre y fácilmente domesticable. "Se le halla localmente distribuido en las selvas de la zona tropical del Territorio Amazonas, en el Alto Orinoco desde San Fernando de Atabapo hasta el Casiquiare y el Río Negro", según Mondolfi.

En la Isla de Margarita se encuentra una subespecie restringida a esa isla, donde habita en las selvas del Cerro El Copey. Se la ha identificado como *Cebus apella margaritae.*

Murciélago escarchado *(Lasiurus cinereus)*

MURCIELAGOS

Los murciélagos son los únicos mamíferos capaces de volar. Originándose en el terciario inferior de mamíferos insectívoros arbóreos, lograron desarrollar una membrana delgada y elástica entre los muy alargados dedos de las manos, que cumple las funciones de un ala tan eficiente como la de las aves. La forma de ala adoptada por cada especie corresponde exactamente a la función requerida, según el tipo de alimento que esa especie prefiera.

Los quirópteros o murciélagos están divididos en dos grandes subórdenes: Megachiroptera y Microchiroptera. A este último pertenecen todos los murciélagos neotropicales. El primer suborden abarca los frugívoros y el segundo los insectívoros, aunque dentro de éstos se han realizado especializaciones que incluyen, además, murciélagos frugívoros, carnívoros y hematófagos o vampiros.

Los Microquirópteros son esencialmente nocturnos, por lo cual sus ojos son muy pequeños. Se orientan durante el vuelo por medio de la eco-locación, una especie de sonar: el murciélago emite sonidos de muy alta frecuencia que el oído humano no percibe (hasta 100 kilohertz), que al chocar con un objeto regresan al murciélago que los escucha, logrando así localizarlo en el espacio. Gracias a la extraordinaria maniobrabilidad (mayor que la de cualquier ave), el murciélago logra así evitar los obstáculos en plena oscuridad y localizar sus presas.

Los murciélagos son de gran utilidad por la cantidad de insectos que devoran, aunque los vampiros son portadores de la rabia y de otras enfermedades; sin embargo, sólo hay tres especies hematófagas, en relación a otras especies que no lo son, entre las que hay insectívoros y polinizadores de flores, los cuales prestan incalculables servicios al hombre.

La hembra tiene una sola cría (raramente dos), y posee dos mamas. Algunas especies tienen dos mamas adicionales en la parte inferior del cuerpo, que sirven sólo para que el recién nacido se adhiera mientras su madre vuela, pero no producen leche.

La dentición varía en cada especie, según las necesidades alimenticias. Obviamente los insectívoros tienen dientes menos afilados que los carnívoros, y éstos muchos menos que los vampiros, cuyos incisivos son verdaderas agujas con las que producen las heridas cuya sangre, al manar, es lamida con la lengua. Por el contrario, casi desdentados son los que beben néctar de las flores.

Los murciélagos duermen durante el día colgados de las patas traseras, que tienen uñas curvadas y fuertes con las que se anclan, cabeza abajo, en ramas, vigas y cuevas.

Los microquirópteros no han sido muy estudiados, por lo que muy poco sabemos de su vida y costumbres. Existe un amplio campo abierto a los investigadores que hallarán, sin duda, detalles muy curiosos e interesantes sobre este numeroso grupo de mamíferos (el segundo, en número, después de los roedores).

CHIROPTERA
- MEGACHIROPTERA .... 150 especies
  Frugívoros
- *MICROCHIROPTERA .... 831 especies
  Insectívoros

Especies Venezolanas

Orden CHIROPTERA
Suborden MICROCHIROPTERA
Superfamilia EMBALLONUROIDEA
Familia EMBALLONURIDAE
Subfamilia EMBALLONURINAE

1. *Centronycteris maximiliani*
2. *Cormura brevirostris*
3. *Cyttarops alecto*
4. *Diclidurus albus*
5. *D. ingens*
6. *D. isabellus*
7. *D. scutatus*
8. *Peronymus leucopterus*
9. *Peropteryx kappleri*
10. *P. macrotis*
11. *P. trinitatis*
12. *Rhynchonycteris naso* — Murciélago narigudo
13. *Saccopteryx bilineata* — Murciélago listado
14. *S. canescens*
15. *S. gymnura*
16. *S. leptura*

Familia NOCTILIONIDAE

17. *Noctilio albiventris*
18. *N. leporinus*

Superfamilia PHYLLOSTOMOIDEA
Familia MORMOOPIDAE

19. *Mormoops megalophylla*
20. *Pteronotus davyi*
21. *P. parnelli*
22. *P. personatus*
23. *P. suapurensis*

Familia PHYLLOSTOMIDAE

Subfamilia PHYLLOSTOMINAE

24. *Phyllostomus discolor* — Murciélago nariz de lanza
25. *Ph. elongatus*
26. *Ph. hastatus* — Vampiro de lanza
27. *Ph. latifolius*
28. *Chrotopterus auritus*
29. *Glyphonycteris daviesi*
30. *G. sylvestris*
31. *Lonchorhina aurita*
32. *L. orinocensis*
33. *Macrophyllum macrophyllum*
34. *Micronycteris brachyotis*
35. *M. hirsuta*
36. *M. microtis*
37. *M. minuta*
38. *N. nicefori*
39. *M. (Neonycteris) pusilla*
40. *M. schmidtorum*
41. *Mimon bennetti*
42. *M. crenulatum*
43. *Phylloderma stenops*
44. *Tonatia bidens*
45. *T. brasiliensis*
46. *T. carrikeri*
47. *T. sylvicola*
48. *Trachops cirrhosa*
49. *Vampyrum spectrum*

Subfamilia GLOSSOPHAGINAE

50. *Glossophaga longirostris*
51. *G. soricina*
52. *Anoura caudifer*
53. *A. cultrata*
54. *A. geoffroyi*
55. *Choeroniscus godmani*
56. *Ch. minor*
57. *Leptonycteris curasoae*
58. *Lichonycteris degener*
59. *Lionycteris spurrelli*
60. *Lonchophylla robusta*
61. *L. thomasi*
62. *Scleronycteris ega*

Subfamilia CAROLLIINAE

63. *Carollia brevicauda*
64. *C. castanea*
65. *C. perspicillata*
66. *Rhinophylla fischerae*
67. *Rh. pumilio*

Subfamilia STURNIRINAE

68. *Sturnira bidens*
69. *S. bogotensis*
70. *S. erythromos*
71. *S. lilium*
72. *S. ludovici*
73. *S. tildae*

Subfamilia STENODERMATINAE

74. *Ametrida centurio*
75. *Artibeus cinereus*
76. *A. concolor*
77. *A. fuliginosus*
78. *A. harti*
79. *A. jamaicensis*
80. *A. lituratus* — Vampiro listado
81. *Centurio senex*
82. *Chiroderma salvini*
83. *Ch. trinitatum*
84. *Ch. villosum*
85. *Ectophylla macconnelli*
86. *Sphaeronycteris toxophyllum*
87. *Uroderma bilobatum*
88. *U. magnirostrum*
89. *Vampyressa bidens*
90. *V. brocki*
91. *V. pusilla*
92. *Vampyrodes caraccioli*
93. *Vampyrops aurarius*
94. *V. brachycephalus*
95. *V. helleri*
96. *V. umbratus*
97. *V. vittatus*

Subfamilia DESMODONTINAE

98. *Desmodus rotundus* — Vampiro mordedor
99. *D. youngi* — Vampiro
100. *Diphylla ecaudata ecaudata*

Superfamilia VESPERTILIONOIDEA
Familia NATALIDAE

101. *Natalus tumidirostris*

Familia FURIPTERIDAE

102. *Furipterus horrens*

Familia THYROPTERIDAE

103. *Thyroptera discifera*
104. *Th. tricolor*

Familia VESPERTILIONIDAE
Subfamilia VESPERTILIONINAE

105. *Eptesicus andinus*	
106. *E. brasiliensis*	
107. *E. dimidiatus*	
108. *E. furinalis*	
109. *E. fuscus*	Murciélago marrón
110. *E. montosus*	
111. *Histiotus montanus*	
112. *Lasiurus borealis*	
113. *L. cinereus*	
114. *L. ega*	
115. *L. egregius*	
116. *Myotis albescens*	Murciélago cola de ratón
117. *M. keaysi*	
118. *M. larensis*	
119. *M. nigricans*	
120. *M. oxyotus*	
121. *M. riparius*	
122. *Rhogeesa minutilla*	
123. *Rh. tumida*	

Familia MOLOSSIDAE

124. *Molossus ater*	
125. *M. aztecus*	
126. *M. bondae*	
127. *M. molossus*	Murciélago mastín cola de ratón
128. *M. sinaloae*	
129. *Eumops amazonicus*	
130. *E. auripendulus*	
131. *E. dabbenei*	
132. *E. glaucinus*	
133. *E. maurus*	
134. *E. nanus*	
135. *E. perotis*	
136. *E. trumbulli*	
137. *Molossops abrasus*	Murciélago cola de ratón
138. *M. greenhalli*	
139. *M. paranus*	
140. *M. planirostris*	
141. *Neoplatymops matogrossensis*	
142. *Promops centralis*	
143. *P. nasutus*	
144. *Tadarida aurispinosa*	
145. *T. brasiliensis*	
146. *T. gracilis*	
147. *T. laticaudata*	
148. *T. macrotis*	

Familia EMBALLONURIDAE

MURCIELAGO NARIGUDO

Rhynchonycteris naso

Este curioso murciélago de nariz pronunciada se encuentra en los trópicos del Nuevo Mundo, desde el sur de México hasta el Perú y el Brasil, a lo largo de los ríos de tierra caliente, en colonias de diez a cuarenta individuos.

Su pelaje es de color grisáceo, más o menos oscuro en la zona dorsal, con manchas de color marrón-rojizo en los brazos y en la membrana interfemoral. Aunque esta familia se caracteriza por unas bolsas glandulares, tal bolsa se halla ausente en esta especie. Durante la noche, estos murciélagos, que se agrupan apretadamente en colonias numerosas, especialmente colgando de las ramas de los árboles sobre corrientes de agua, vuelan rasando el agua capturando insectos, y evitan los campos abiertos.

MURCIELAGO LISTADO

Saccopteryx bilineata

Esta especie es la de mayor tamaño en esta familia. Su pelambre va de marrón oscuro a negro, pero suelen ocurrir tintes de color más claro. Dos rayas blancuzcas que comienzan detrás de los hombros y cruzan la espalda bajando hasta la membrana de la cola son características de esta especie, de donde le viene su nombre. Las bolsas en la membrana frontal cerca del hombro tienen una amplia abertura. Contra lo que se creía, no son éstas glándulas sebáceas, sino simples acumulaciones grasosas secretadas al parecer directamente desde la piel. Aunque su composición química no se ha estudiado, se presume con cierta certeza que tienen que ver con substancias aromáticas que juegan un papel importante en la vida sexual de estos murciélagos. Estas bolsas están bien desarrolladas sólo en los machos. Se alimentan principalmente de pequeños coleópteros y polillas.

Murciélago listado *(Saccopteryx bilineata)*

Familia NOCTILIONIDAE

MURCIELAGO PESCADOR

Noctilio leporinus

Esta familia contiene sólo un género (*Noctilio*) y dos especies, las cuales se hallan en Venezuela: *albiventris* y *leporinus*. La pelambre en la espalda de los machos es de un rojo anaranjado encendido; en las hembras es gris o marrón oscuro, que se hace más pálido en la zona ventral. "El labio superior está dividido por un pliegue de piel vertical, dando la apariencia del labio leporino", escribe Eisentrant; "el labio inferior tiene borde liso y una verruga en la mitad, bajo la cual se encuentran los dos pliegues de piel. Las orejas son largas y delgadas; el trago es pequeño, con el borde exterior aserrado. La cola se extiende hasta la mitad de una bien desarrollada membrana caudal, y emerge en la parte superior, de modo que la parte más corta de la cola es libre y prominente".

Los Noctiliónidos son pescadores. Volando a ras del agua, agarran los peces con las fuertes uñas de las patas y se elevan para devorarlos mientras vuelan.

Familia MORMOOPIDAE

MURCIELAGO LOMOPELADO

Pteronotus suapurensis

Esta especie, descrita de la localidad de Suapure, en el Bajo Orinoco, tiene la peculiaridad de que las alas no les salen del lado del tronco sino desde casi el centro de la espalda, por lo que parecen tener el lomo pelado, aunque en realidad debajo de las membranas tienen su piel normalmente cubierta de pelos. Viven en cavernas cálidas y húmedas, donde tienen colonias más o menos numerosas. Felten ha escrito: "Las dos especies de *Pteronotus*, por su necesidad de aire húmedo y caliente, viven generalmente en un ambiente donde los humanos casi no pueden respirar. Temperaturas de 38°C y un aire saturado de humedad y lleno de insoportables olores debido a las inmensas pilas de guano son las condiciones de vida para estos animales y para la crianza de sus pequeños."

En Venezuela existen cuatro especies de *Pteronotus*, distribuidas en las diversas regiones del país.

Murciélago pescador *(Noctilio leporinus)*

Familia PHYLLOSTOMIDAE

Subfamilia PHYLLOSTOMINAE

MURCIELAGO NARIZ DE LANZA

Phyllostomus discolor

Todos los murciélagos pertenecientes a esta familia tienen la punta de la nariz vuelta hacia arriba, más o menos desarrollada, en forma de hoja, de donde les fue dado su nombre. En algunos casos la hoja se afila hasta parecer una punta de lanza y alcanzar hasta más de dos centímetros de longitud. Su tamaño varía ente 4 y 13,5 cm. En algunas especies las orejas son muy largas. Las vértebras de la cola y la membrana caudal aparecen en todo tipo de fases desde plenamente desarrolladas hasta inexistentes. Su nutrición es extraordinariamente variada.

La especie *Phyllostomus discolor* se alimenta de insectos y frutas, y es de tamaño inferior a la especie que se describirá luego, *P. hastatus.*

VAMPIRO DE LANZA

Phyllostomus hastatus

Esta especie es la mayor del género con una envergadura entre las puntas de las alas de 45 cm. Tienen los miembros de esta especie, que se extiende desde Honduras hasta el Perú, Bolivia y el Brasil, pasando por el resto de Centro América y el norte de Sudamérica, fuertes dientes para devorar insectos y frutas y hasta pequeños vertebrados.

Inexplicablemente algunos autores del siglo pasado que visitaron a Venezuela asignaron a esta especie hábitos hematófagos. Así, por ejemplo, el ornitólogo y pintor Anton Goering, hablando de sus viajes por el Zulia, escribe: “La principal atención en la guardia nocturna la teníamos dirigida hacia nuestros animales de carga, los cuales sufren bastante bajo las picadas de los murciélagos, que les chupan la sangre. El género de vampiros de nariz de hoja (*Phyllostoma*) representa el grupo de los temibles chupadores de sangre, que están repartidos en toda Sudamérica. Las heridas producidas por estos animales no son tan peligrosas como siempre se ha creído, pues a mí no me ha pasado nunca el caso de perder alguna mula o caballo por culpa de picadas de murciélagos, no obstante pueden quedar bastante débiles, si las heridas se repiten durante varias noches, como fue el caso en uno de mis caballos. Al hombre no lo atacan estos vampiros, a pesar de los innumerables cuentos que se oyen sobre el particular. Ellos son comunes tanto en los pueblos como en las ciudades, penetrando hasta en los cuartos donde duermen las personas, volando muy cerca de sus cuerpos. Durante mi estada de largos años en Venezuela puedo atestiguar que nunca he oído de alguna persona que haya sido picada por estos animales.

Existen infinidad de géneros y familias que son autóctonos de Sudamérica, entre los cuales el más grande que he cazado es el *Phyllostoma hastatum,* con una envergadura de 60 cm de largo, del cual pude coger un ejemplar durante el vuelo en mi propio cuarto, cuando vivía en San Esteban, cerca de Puerto Cabello.”

Murciélago verrugoso *(Trachops cirrhosa)*

MURCIELAGO VERRUGOSO

Trachops cirrhosa

Descrito originalmente de Pernambuco, Brasil, este murciélago es muy semejante a *Phyllostomus hastatus,* pero es fácilmente diferenciable por las verrugas que le cubren los labios, el mentón y la extremidad del hocico. Las orejas son grandes, más anchas que la cabeza y de extremidades redondeadas. Las membranas de las alas están adheridas al tarso; la membrana interfemoral es grande y ancha; el calcáneo es casi del tamaño del pie; la cola es corta, de cuatro vértebras y totalmente envuelta por la membrana interfemoral.

En la parte superior es de color pardo ferruginoso y oscuro, más claro en las partes inferiores.

Según Handley, se le encuentra en las tierras bajas húmedas del sur, centro y oeste de Venezuela, en los Estados Apure, Bolívar, Falcón, Guárico, Táchira y Trujillo, y en el Territorio Amazonas.

VAMPIRO ESPECTRO

Vampyrum spectrum

Esta es la mayor especie de los Filostómidos. Su envergadura alcanza hasta 70 cm; el cuerpo tiene una longitud de 16 cm. La cabeza, gruesa y larga, tiene un hocico protuberante que se prolonga en un apéndice nasal a modo de punta de lanza; las orejas son altas y mayores que en la mayoría de las otras especies de la familia; el pabellón de la oreja es aguzado. El color del suave y sedoso pelaje es castaño oscuro sobre el lomo y amarillento en la zona ventral. La membrana de las alas y las partes desnudas del cuerpo son de color pardo.

A la errónea idea de que esta especie era realmente hematófaga se debe su nombre de vampiro. En realidad, es una especie frugívora e insectívora, aunque devora también pequeños vertebrados. En cautividad se ha alimentado gustosamente de ratones y pollitos.

Subfamilia GLOSSOPHAGINAE

VAMPIRO ATRAPAMOSCAS

Glossophaga soricina

Estos murciélagos tienen una larga lengua y se alimentan principalmente de insectos, aunque también les gusta el polen y el néctar de ciertas flores. Felten, quien estudió estos murciélagos en cautividad, concluyó que se alimentan principalmente de insectos, algunos capturados al vuelo y otros cazados en el suelo. "Durante todo el año", dice, "comían hidromiel y frutas. Al comienzo de la estación lluviosa, el consumo de hidromiel casi excedía el de insectos, al paso que en otras épocas comían muchos más insectos. Bebían la hidromiel, colocada en platicos suspendidos al aire, casi exclusivamente en vuelo; los murciélagos aleteaban alrededor del plato al principio por algunos segundos, luego sumergían rápidamente la lengua, generalmente repitiendo este movimiento varias veces". También se han hecho observaciones según las cuales estos murciélagos se alimentan de plantas en flor.

De tamaño menor que el *Vampyrum spectrum,* su lengua es larga y hojosa, y provista de papilas "denticuladas con la cual extrae los insectos de las flores, así como la pulpa de los frutos azucarados", dice Röhl.

Vampiro atrapamoscas *(Glossophaga soricina)*

Subfamilia CAROLLIINAE

VAMPIRO DE CEJAS BLANCAS

Carollia perspicillata

La característica de este murciélago son blancas listas que tiene arriba de las cejas. Es de tamaño mediano. El color del lomo es pardo oscuro; es de color más claro en la zona ventral.

Según Röhl, “vive en agrupaciones entre el follaje de los bosques y en los techos de casas viejas, haciendas, trapiches, etc. Se alimenta preferentemente de frutas suculentas como guayabas, mangos, cambures, aguacates, pomarrosas, etc. Es muy común en la zona tórrida”. Se encuentra esta especie desde México hasta el sur de Brasil.

VAMPIRO LISTADO DE PIES JUNTOS

Artibeus jamaicensis

A diferencia de otros miembros de la familia que viven entre el follaje de los árboles, *Artibeus jamaicensis* prefiere agujeros en acantilados y árboles. Röhl lo describe así: “Se distingue por la faja blanca que adorna ambos lados de la cabeza. La coloración general del pelo es pardo oscura algo más clara en el vientre. El uropatagio forma una membrana bien visible con una escotadura central y ojival que parte desde la terminación de ambos espolones, manteniendo así los pies más juntos que en otras especies. La excrecencia de la nariz termina en un largo apéndice globoso; las orejas son laterales, muy largas y con el borde externo algo ondulado. La cabeza es redondeada. Carece de cola.”

Su dieta consiste principalmente de frutas blandas y suculentas, cuyos restos pueden hallarse en el piso de los lugares donde descansan. Al eliminar las semillas de las frutas ayudan a la distribución de estas plantas.

Vampiro de cejas blancas *(Carollia perspicillata)*

Subfamilia DESMODONTINAE

VAMPIRO MORDEDOR

Desmodus rotundus

A esta subfamilia pertenecen los verdaderos vampiros, es decir, los que chupan sangre de sus víctimas. Esta especie se halla distribuida en toda Venezuela, desde los 100 a los 1.500 metros de altura. Habita árboles huecos, cavidades en rocas, e incluso en edificios habitados. Forman colonias más o menos numerosas. Sólo al anochecer abandonan sus refugios para ir en busca de sus víctimas.

Aunque las heridas causadas por sus afilados colmillos no son dolorosas, sus resultados pueden ser graves, debido a que esta especie es transmisora de varias enfermedades serias, inclusive la rabia.

Los vampiros se posan suavemente sobre su víctima, gracias a lo acolchado de las plantas de sus pies, de manera que el durmiente no siente el ataque. Se dice que este murciélago tiene en su saliva un factor anticoagulante, lo cual hace que la sangre mane libremente de la fina herida causada, la cual es lamida con su lengua. De todas maneras sólo al día siguiente la víctima se percata del ataque que se le ha infligido.

En Venezuela existen otras dos especies de vampiros verdaderos: *Desmodus youngi* y *Diphylla ecaudata*.

Superfamilia VESPERTILIONOIDEA

Familia NATALIDAE

MURCIELAGO OREJA DE EMBUDO

Natalus tumidirostris

Los Vespertiliónidos incluyen seis familias. Se caracterizan por no poseer apéndices nasales ni verrugas en la cabeza. Cinco de esas familias están representadas en Venezuela. La sexta está restringida a Nueva Zelandia. Los Natálidos presentan una característica común: las orejas en forma de embudo. Son de pequeño tamaño, tienen largas colas y son insectívoros. Durante el día reposan en cavernas o en oquedades de los árboles.

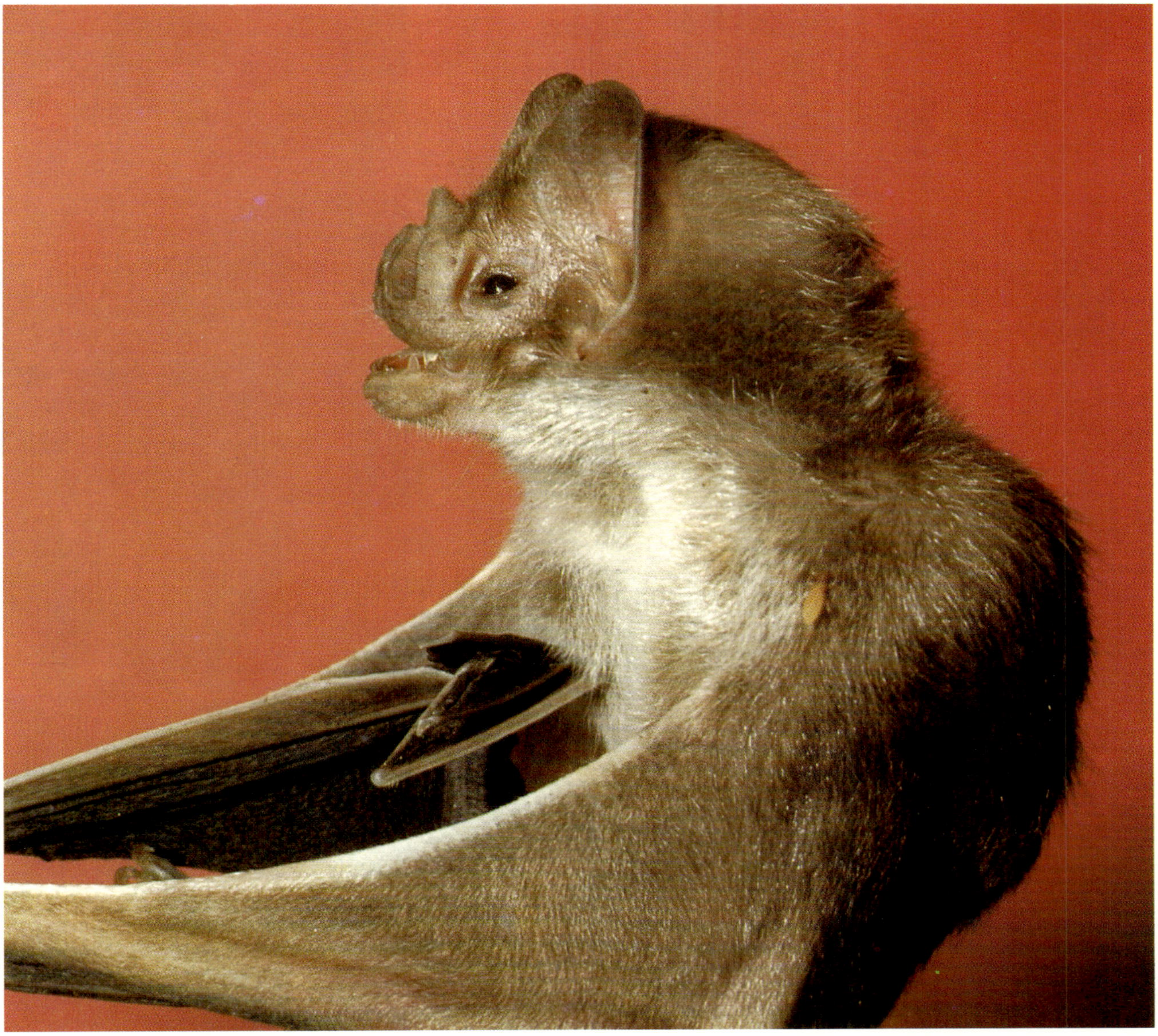

Vampiro mordedor *(Desmodus rotundus)*

Familia FURIPTERIDAE

MURCIELAGO MOCHO

Furipterus horrens

Esta es una de las más pequeñas especies de murciélagos conocida, ya que su tamaño apenas llega a los cuatro centímetros. Tiene las orejas en forma de embudo y son de gran tamaño. Una curiosa característica de esta especie es la regresión del pulgar, que es muy pequeño y está cubierto por la membrana del ala, de modo que sólo la uña atrofiada sobresale. Tiene en la frente una banda casi vertical. Es exclusivamente insectívoro. Su distribución se extiende desde Panamá hasta Guyana y el Brasil.

Familia THYROPTERIDAE

MURCIELAGO TRICOLOR

Thyroptera tricolor

Los Tiroptéridos poseen una característica muy extraña entre los mamíferos: tienen discos de succión en las extremidades, en la muñeca y en la planta del pie. Estos discos les permiten aferrarse fuertemente a superficies lisas y a las hojas, especialmente de plátanos. Otra curiosidad es que duermen con la cabeza hacia arriba, en hojas enrolladas, principalmente las hojas de plátano y cambur.

El tamaño del murciélago tricolor es pequeño. Es muy vistoso por los variados colores del pelaje: el lomo es pardo rojizo; amarillo claro en la zona pectoral y ventral, al paso que la membrana alar es de color pardo oscuro.

En Venezuela existen las dos especies de la familia: *Thyroptera tricolor* y *Th. discifera.*

Familia VESPERTILIONIDAE

Subfamilia VESPERTILIONINAE

MURCIELAGO MARRON

Eptesicus fuscus

Los Vespertiliónidos se hallan en el Viejo y el Nuevo Mundo, desde los trópicos hasta las zonas templadas, y algunas especies se encuentran incluso en el Artico. Estos murciélagos habitan bosques y campos abiertos, regiones húmedas y secas, tierras bajas y altas montañas. Existen formas enanas que no sobrepasan los 3 cm, y formas gigantes de hasta 10 cm. La cola está siempre bien desarrollada y está cubierta por la membrana caudal, aunque en algunas especies la cola sobresale un poco de la membrana. Son casi exclusivamente insectívoros. Hay 40 géneros y unas 275 especies.

La especie *Eptesicus fuscus* es la más común en Venezuela. Hay incluso una subespecie, *E. fuscus pelliceus* que se halla a 4.000 metros de altura, en el Páramo de La Culata, en el Estado Mérida. El color de su piel es bastante oscuro, con un tinte acanelado en el lomo y amarillento en la región inferior. Los pelos terminan con la punta más clara.

MURCIELAGO OREJA DE RATON

Myotis albescens

Esta es una de las más pequeñas especies de murciélagos, pues apenas mide unos cuatro centímetros de longitud. Tiene los pies más largos que en las otras especies de este género. Es de color marrón claro, con el vientre bastante blanco. Se encuentra exclusivamente en lugares muy cálidos.

Familia MOLOSSIDAE

MURCIELAGO COLA DE RATON

Molossus molossus

Los *Molossus* se caracterizan por el aparecimiento de dos fases de color: una fase marrón rojiza brillante y otra de marrón oscuro a negruzco. Los labios de estos murciélagos son lisos, no arrugados. Durante el día estos murciélagos reptan bajo los techos, a menudo en grandes grupos, especialmente bajo techos de zinc, pues le gusta la alta temperatura causada por el sol en el metal.

Apenas anochecido, los animales salen en busca de insectos. Se ha informado que guardan sus presas en los carrillos de modo de poder devorarlas en su sitio de reposo.

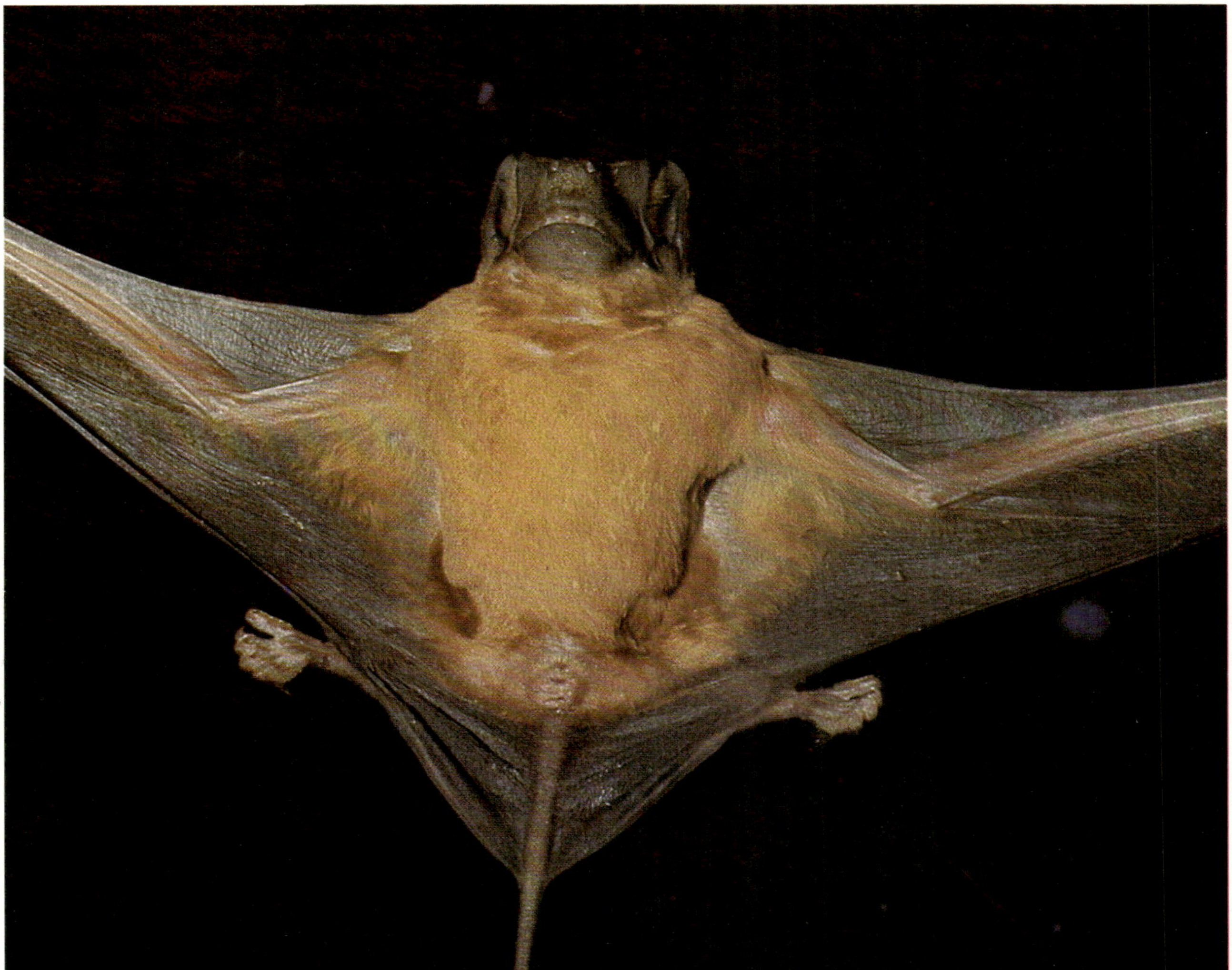

Murciélago cola de ratón *(Molossus sp.)*

DESDENTADOS

Los desdentados son un orden que pertenece exclusivamente al Nuevo Mundo. Con excepción de una especie, sólo existen en Centro y Sudamérica. El nombre resulta erróneo. Todo se debe a que cuando Cuvier clasificó a todos los desdentados (incluyendo en ellos al oso hormiguero, al pangolín, y hasta los echidna y los ornitorrincos), al observar su falta de dientes les dio ese nombre. Pero, en realidad, el único desdentado es el oso hormiguero. Todos los demás miembros de este orden tienen dientes, hasta el extremo de que el armadillo gigante tiene no menos de cien. Lo que es curioso de sus dientes es que carecen de esmalte, y en su mayoría son de forma tubular y casi idénticos, sin la diferenciación de molares, caninos e incisivos presentes en los demás mamíferos.

A este orden pertenecen algunas especies gigantes que florecieron en el Terciario, cuando Sudamérica estaba aún separada del resto del continente, antes de surgir el Istmo de Panamá. Entre ellas se cuentan el Megaterio y el Gliptodonte, el primero de los cuales fue el ancestro del oso hormiguero actual, al paso que el segundo tenía un inmenso y fuerte caparazón, lo que lo hace antecesor de los armadillos o cachicamos actuales.

El cerebro de los desdentados es pequeño y poco evolucionado, lo que explica su poca inteligencia y su lentitud de movimientos. La mayoría de las especies tienen poderosas uñas que usan para cavar y para defenderse.

Los armadillos han avanzado hasta el sur de los Estados Unidos, pero debido, al parecer, a un enfriamiento gradual de la tierra, se ha observado que ahora se hallan en retirada hacia el sur.

Los desdentados tienen, además, otras particularidades tales como la ubicación de las mamas cerca de las axilas, pecho o abdomen; las hembras tienen un conducto genital y urinario común, y poseen, además, una doble vena cava que regresa la sangre de la parte posterior del cuerpo al corazón, mientras que los otros órdenes de mamíferos tienen sólo una.

DESDENTADOS
- *MYRMECOPHAGIDAE .... 5 especies
  (Osos hormigueros)
- *BRADYPODIDAE .... 8 especies
  (Perezas)
- *DASYPODIDAE .... 23 especies
  (Armadillos o Cachicamos)

Especies Venezolanas

Orden EDENTATA
Suborden XENARTHRA
Infraorden PILOSA
Superfamilia MYRMECOPHAGOIDEA
Familia MYRMECOPHAGIDAE

1. *Myrmecophaga tridactyla*	Oso hormiguero o palmero
2. *Cyclopes didactylus*	Osito dormilón; Osito sedoso; Hormiguero enano; Serafín de platanar
3. *Tamandua mexicana*	Oso melero
4. *T. tetradactyla*	Oso melero

Superfamilia BRADYPODOIDEA
Familia BRADYPODIDAE

5. *Bradypus tridactylus*	Pereza de tres dedos
6. *B. variegatus*	Pereza de tres dedos
7. *Choloepus didactylus*	Pereza de dos dedos
8. *Ch. hoffmanni*	Pereza de dos dedos

Infraorden CINGULATA
Superfamilia DASYPODOIDEA
Familia DASYPODIDAE
Subfamilia DASYPODINAE
Tribu PRIODONTINI

9. *Priodontes maximus*	Cuspa; Cuspón; Cachicamo gigante
10. *Cabassous unicinctus*	Cuspa pequeña; Cachicamo de rabo blanco; Cuspita; Cachicamo rabo desnudo

Tribu DASYPODINI

11. *Dasypus kappleri kappleri*	Cachicamo montañero grande; Cachicamo de ocho bandas
12. *Dasypus novemcinctus*	Cachicamo común; Cachicamo montañero
13. *Dasypus sabanicola*	Cachicamo sabanero

Familia MYRMECOPHAGIDAE

OSO HORMIGUERO

Myrmecophaga tridactyla

El oso hormiguero gigante puede llegar a medir hasta 2,20 metros, incluyendo la cola que puede ser de hasta un metro. Alcanza hasta 35 kg de peso, siendo los machos un poco más pesados que las hembras. El tronco es delgado, la cabeza alargada y tubular. Las patas delanteras son extraordinariamente fuertes, al paso que las traseras son débiles. En las manos, el quinto dedo no es diferenciable, al paso que el segundo y tercero son fuertes y tienen poderosas uñas que llegan a veces a medir hasta 10 cm de largo. El cuarto dedo es pequeño y almohadillado por debajo. El quinto dedo es pequeño y levantado. En las patas traseras tiene cinco dedos: el primero es levantado, al paso que el segundo y tercero y cuarto son iguales; el quinto es un poco más pequeño. El oso hormiguero camina con la planta de las patas traseras, mientras que las manos se apoyan sobre los nudillos, pues dobla los dedos hacia dentro para andar.

Habita las llanuras y los bosques abiertos. Se le encuentra desde Guatemala hasta el norte de la Argentina. Con sus poderosas uñas rompe los hormigueros y termiteros e introduce su larga y viscosa lengua tubular, la cual saca con centenares de insectos adheridos. La musculatura de la lengua es tan poderosa, que puede meterla y sacarla 160 veces por minuto. Puede extenderla hasta unos 60 cm de largo, con un diámetro de sólo 1-1,5 cm. Los músculos que la mueven no dependen del aparato hioideo, sino del esternón. Su acción es acompañada por una inmensa producción de saliva. Los insectos consumidos son masticados por papilas córneas situadas en el techo de la boca y los carrillos, y son triturados luego en el estómago, de fuerte mucosa córnea y poderosas paredes musculares. Además de hormigas y termitas consume gusanos, larvas, y pequeñas frutas que pueden tomar con los labios.

El oso palmero es de actividad diurna y nocturna. Para dormir se echa en un sitio sombreado con la cabeza entre las manos, y se cubre con la cola, que tiene pelos de hasta 24 cm de largo, quedando bien camuflado. Su gestación dura unos seis meses. La cría, al nacer, trepa al lomo de la madre, independizándose a los dos años. El ciclo reproductivo es sumamente lento.

El oso hormiguero es un animal apacible y de gran belleza por su hermosa cola palmeada, por lo que a veces se le llama entre nosotros "oso palmero". Pero cuando se le agrede y se le arrincona es enemigo peligroso, gracias al poder de sus garras. Esta especie no es frecuente, a pesar de tener una amplia área de distribución y su matanza por placer o por comer su carne es un hecho absurdo, ya que la carne no es muy agradable al paladar, y si no se le molesta es un animal totalmente inofensivo, prefiriendo alejarse a un lento galope antes que enfrentarse con el hombre. Cumple, además, una importante función en la destrucción de los nidos y el consumo de hormigas y termes, lo cual, aunado a su baja reproducción, le hace merecedor de toda la protección que pueda brindársele.

OSO MELERO

Tamandua tetradactyla

El oso melero se parece al hormiguero gigante, pero sólo mide un metro de largo, incluyendo la cola de 40 cm que es delgada y prensil. Debido a que el quinto dedo es muy reducido, Linneo lo llamó "cuatro-dedos". El oso melero, a diferencia del hormiguero, es arbóreo. Trepa fácilmente a los árboles en busca de hormigueros o termiteros en las ramas altas, donde también se apodera de los avisperos en procura de miel.

Como el oso hormiguero, el pelo es duro y espeso. La coloración de la especie más común en Venezuela es de color amarillo blancuzco o amarillo dorado en todo el cuerpo. La extremidad de la cola, desprovista de pelos en aproximadamente dos tercios de su longitud, es negra.

El oso melero es de hábitos nocturnos. Sale de los agujeros de los árboles donde vive para cazar insectos. Más de medio kilo de termitas se han hallado en el estómago de un *Tamandua*. Cuando son molestados emiten un olor desagradable y, al igual que el oso palmero, pueden erguirse sobre las patas traseras, apoyándose además sobre la cola, con los brazos abiertos y las garras dispuestos a defenderse.

Como en el caso del oso hormiguero, el melero carece de dientes. La cabeza es alargada y tubular, aunque menos que en el primero, y la lengua es igualmente larga y viscosa. Se le halla en las selvas y sabanas boscosas de la América Central y del Sur. En Venezuela existen dos especies de oso melero, el *Tamandua tetradactyla,* que habita las selvas y bosques de la zona tropical y subtropical inferior al sur y al norte del Orinoco, mientras que en la costa occidental del lago de Maracaibo, incluyendo la serranía de Perijá, vive la especie *Tamandua mexicana.*

SERAFIN DE PLATANAR u HORMIGUERO ENANO

Cyclopes didactylus

Este pequeño oso hormiguero mide sólo unos treinta centímetros; tiene una cola prensil, desnuda en su extremo. El pelaje es sedoso y delicado, y va de rojizo-marrón a amarillo dorado. Es exclusivamente arbóreo, donde obtiene sus alimentos capturando hormigas y termitas, cuyos nidos desgarra con sus poderosas garras, desarrolladas sobre el segundo y tercer dedo. La pata posterior tiene una especie de cojín en la suela que les permite a las garras dar la vuelta por debajo del pie, como órganos prensiles.

La hembra tiene una sola cría, como todos los demás miembros de esta familia. La cría cabalga sobre el lomo de la madre, adhiriéndose fuertemente hasta que ha adquirido un buen tamaño. Este comportamiento es similar en los miembros de las otras especies de hormigueros. Ambos padres participan en la crianza del cachorro, regurgitando insectos semidigeridos de sus estómagos, para alimentarlo.

Este hormiguerito pasa el día durmiendo, enrollado en una horqueta de un árbol o en una cavidad. Por la noche sale de caza. Al igual que los otros hormigueros, sabe defenderse con sus poderosas uñas, aunque es animal de naturaleza mansa, inofensivo y de movimientos muy lentos. Es muy difícil mantenerlo en cautividad, a diferencia de las otras especies. Esta es una de las más raras entre los desdentados; tiene un área de distribución muy amplia, en la cual es muy escaso, y abarca desde Centroamérica hasta Bolivia y Brasil central. Además de ser escaso es nocturno, totalmente arborícola y es predado por diferentes especies de aves rapaces. En Venezuela se ha encontrado en las selvas de la zona tropical del Estado Bolívar, Territorio Federal Amazonas y Delta Amacuro, y en algunos bosques del sur del Estado Monagas y de la península de Paria, en el Estado Sucre.

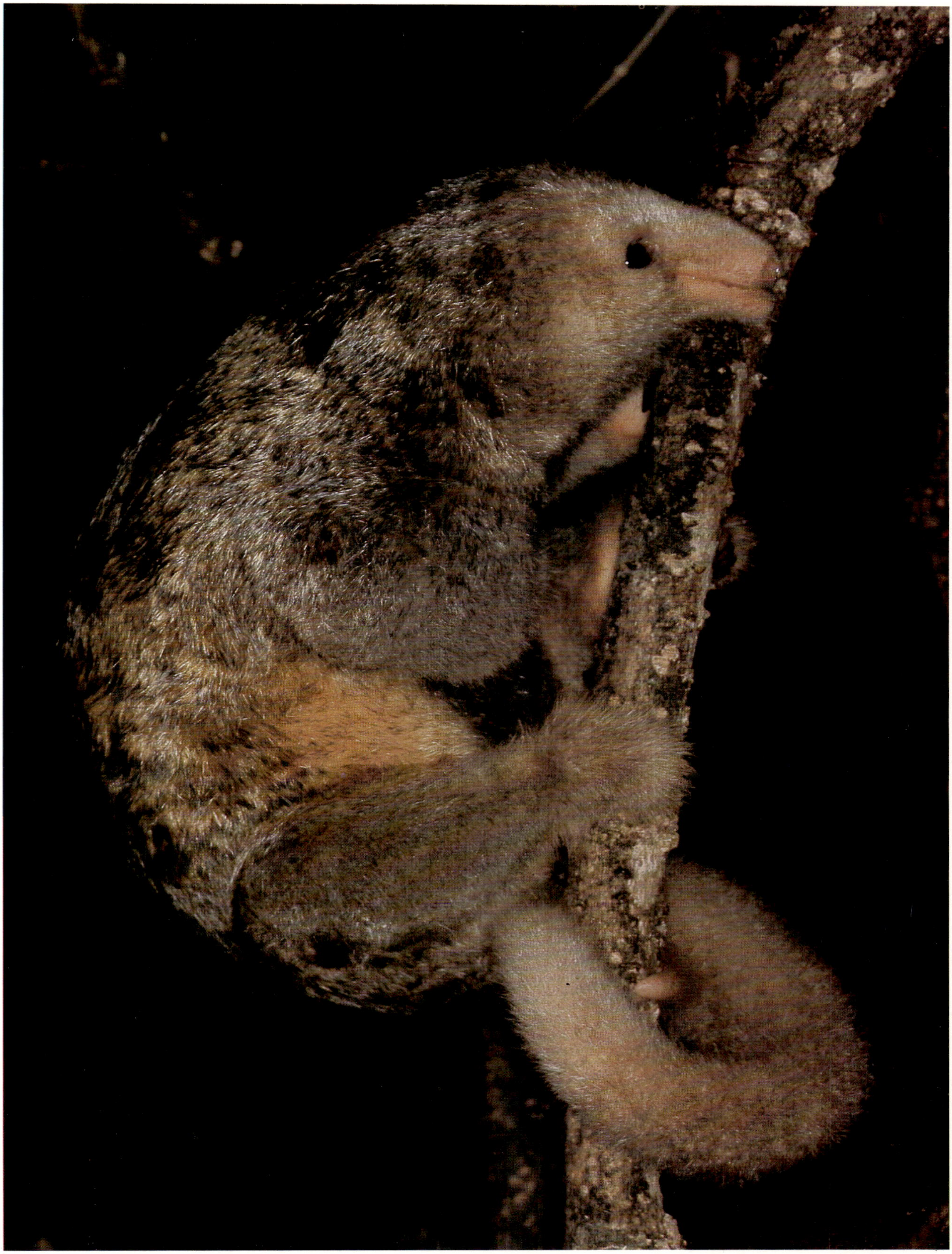

Familia BRADYPODIDAE

LAS PEREZAS

Bradypus variegatus y Choloepus hoffmanni

En Venezuela existen cuatro especies de perezas, pertenecientes a dos géneros, *Bradypus* y *Choloepus.* Las del primer género tienen tres dedos en las extremidades anteriores, al paso que las del segundo tienen sólo dos. Estos, al igual que los dedos de las extremidades posteriores, donde ambas tienen tres, están rematados en fuertes uñas curvadas en forma de garras. Las varias características de este curioso animal lo colocan en clase muy especial entre los mamíferos: su extremada lentitud, el hecho de pasar casi toda su vida colgado de las ramas, la especialización de su alimentación, en Venezuela se alimenta casi exclusivamente de hojas de yagrumo (*Cecropia*), y el curioso hecho de que sobre su lomo crecen algas, lo que le da un color verdoso, y una especie de polilla. A diferencia de los otros "desdentados", la cabeza es casi redonda y puede girarla 180 grados sobre su eje vertical, y casi 360 grados sobre el eje horizontal. Este es un caso único entre los mamíferos. Otra característica curiosa es que tiene nueve vértebras cervicales; una especie de dos dedos (*Choloepus hoffmanni*) tiene seis.

Las perezas rara vez bajan de los árboles, pues en el suelo son de andar extremadamente torpe. En cambio, pueden ser excelentes nadadoras. Los dientes marrones, sin esmalte, crecen continuamente; hay cinco en la mandíbula superior y cuatro en la inferior. En la pereza de dos dedos, el premolar anterior de cada mandíbula está modificado en una especie de colmillo bastante desarrollado. Otra característica curiosa de las perezas es que el pelo no se divide en el lomo sino en el pecho. De modo que cuando llueve, como viven colgadas, el agua se desliza del pecho hacia abajo. En su anatomía presentan muchas otras irregularidades como la posición del hígado, del bazo y del páncreas, rotados fuera de su situación normal. A diferencia de otros animales de sangre caliente, las perezas carecen de un sistema de control térmico. Cuando hace calor, su temperatura sube notablemente y desciende radicalmente cuando hace frío, pudiendo oscilar entre 24°C y 33°C.

La gestación de la pereza dura de 4 a 6 meses y paren una sola cría, la cual se confunde con la madre, encaramada sobre su pelambre hasta los 9 meses de edad. Las perezas tienen un largo de 50-65 cm con una pequeña cola que es como un mechón de pelo de 6-7 cm y alcanzan un peso de 4-9 kg. Su estómago tiene varias subdivisiones, unas con cubierta córnea y otras con cubierta glandular. Tienen un intestino muy corto y una inmensa vejiga en que parece acumulan el agua derivada de las hojas que consumen.

Las perezas tienen muy poco desarrollado el oído y la vista, y es increíble que unos animales tan lentos y expuestos a los predadores sobrevivan con éxito. Ello se debe precisamente a que pasan desapercibidos por su coloración protectiva, su inmovilidad durante el día, y a su grueso pelaje y piel. Son resistentes al hambre, a la sed y a los golpes que matarían a otro mamífero.

En Venezuela, hay dos especies de perezas de tres dedos: la *Bradypus variegatus,* que habita las selvas tropicales y subtropicales inferiores de las cordilleras de la costa hasta Barlovento, la sierra de Perijá y el piedemonte andino; y la *B. tridactylus,* que habita las selvas tropicales del Estado Bolívar y los territorios Amazonas y delta Amacuro. Asimismo hay dos especies de perezas de dos dedos: la guayanesa (*Choloepus didactylus*), localmente distribuida en las selvas tropicales al sur del Orinoco, y la centroamericana (*Ch. hoffmanni*), que habita las selvas del piedemonte y tierras llanas al oeste y sur del lago de Maracaibo (Estados Táchira y Zulia).

Pereza de dos dedos *(Choloepus didactylus)*

Pereza de tres dedos *(Bradypus variegatus)*

Pereza guayanesa *(Bradypus tridactylus)*

Familia DASYPODIDAE

CACHICAMO o ARMADILLO

Dasypus novemcinctus

El cachicamo o armadillo de nueve bandas es la especie de cachicamo más común en Venezuela. Se le halla desde los llanos hasta el Pico de Naiguatá y en las partes altas del Estado Mérida.

En toda la parte superior la piel se transformó en una armadura formada por dos placas córneas, una sobre el dorso y otra sobre la pelvis, unidas por nueve bandas interconectadas por piel flexible, que le dan cierta movilidad a la armadura. Esta protege toda la parte superior y lados del cuerpo. La parte superior de la cabeza, extremidades, y toda la cola también tienen esta cubierta córnea. Tiene cuatro uñas en la extremidad anterior que sirven para excavar con extraordinaria rapidez. Las patas traseras son cortas y gruesas, con cinco uñas cortas. Para cavar, usa las manos como excavadoras, arquea el cuerpo, se apoya en la cola, y con las patas traseras va arrojando hacia atrás con gran velocidad la tierra excavada. Así, en cuestión de segundos, logra hacer una cueva en la que se oculta arqueando el cuerpo contra las paredes, con lo que queda bloqueado y es casi imposible sacarlo de su madriguera.

Su carne blanca es extremadamente delicada, y es alimento muy solicitado en todo el interior del país. Los cachicamos tienen cuatrillizos en cada parto; todos ellos provienen de un solo huevo o zigote, es decir, que son gemelos idénticos (poliembrionía específica). Al nacer, están bien desarrollados y sólo maman durante dos meses.

El cachicamo es de hábitos nocturnos y durante el día permanece encerrado en su cueva, la cual puede compartir con varios congéneres. Su alimentación consiste fundamentalmente de insectos y lombrices. Tiene una asombrosa capacidad para contener la respiración (hasta 6 minutos), lo cual evita la excesiva entrada de polvo a las vías respiratorias mientras cava rápidamente. Sus amplios bronquios y tráquea actúan como reservorios de aire y parece que incluso puede llenar el estómago e intestinos de aire antes de tener que vadear un río, o nadar un largo trecho. Su control térmico, sin embargo, es muy deficiente, y no puede resistir las heladas, lo cual limita su distribución al norte del continente.

En Venezuela hay tres especies de cachicamos: el cachicamo común o montañero (*Dasypus novemcinctus),* común en las selvas tropicales y subtropicales de todo el país, incluyendo la isla de Margarita. El cachicamo montañero grande o de ocho bandas (*D. kappleri*), que está localmente distribuido en las selvas tropicales del territorio Amazonas y el Estado Bolívar, y el cachicamo sabanero (*D. sabanicola*), recientemente descrito por Mondolfi, de los estados Guárico y Apure.

CUSPA GIGANTE, CUSPON o CACHICAMO GIGANTE

Priodontes giganteus

El armadillo gigante, llamado cuspa grande o cuspón en Venezuela, mide un metro de largo, incluida la cola de 50 centímetros. Llega a pesar unos 50 kilos, aunque la hembra es de tamaño un poco menor. El caparazón está compuesto de placas planas rectangulares y lisas, y tiene de 11 a 13 bandas móviles en el lomo. La pelambre es escasa y brota por entre las placas. La coloración es de amarillento-beige a marrón oscuro. La poderosa cola está también cubierta de placas. Las anchas orejas son redondas y entorchadas como un tubo. La cabeza es cónica y el cráneo voluminoso. Tiene cinco dedos en ambas extremidades. El dedo medio de las delanteras está singularmente desarrollado, llegando a medir hasta 10 centímetros. Es una poderosa herramienta para excavar, y también una gran arma defensiva contra sus depredadores, especialmente el puma y el yaguar. Tiene de quince a veintiocho dientes pequeños.

El armadillo gigante se alimenta sobre todo de termitas y también de hormigas. Con sus poderosas uñas abre profundos agujeros en los termitales y devora los insectos que se adhieren a su lengua pegajosa. El cuspón es de hábitos nocturnos y es bastante ágil, ya que puede balancearse sobre las patas traseras y la cola, mientras mantiene las manos en alto. Su capacidad para cavar es asombrosa; puede hacer cuevas grandes y, según algunos autores, hasta desenterrar cadáveres para alimentarse de carroña. Con todo, es un animal útil a la agricultura, ya que, al igual que los otros cachicamos, consume gran cantidad de insectos. El cuspón es una especie sumamente rara y está en peligro de extinción, debido a la cacería indiscriminada y a la alteración de su habitat. Es un animal muy escaso dentro de su zona de distribución, la cual comprende, en Venezuela, la selva tropical del territorio Amazonas y el Estado Bolívar, y algunas selvas de los Estados Barinas, Portuguesa y Yaracuy. Pare una sola cría en cada parto y es muy poco lo que se sabe sobre su reproducción.

CACHICAMO COLA DESNUDA

Cabassous unicinctus

El Cachicamo cola desnuda, llamado también Cuspa pequeña y Cachicamo de rabo blando, mide unos 60 centímetros de largo, sin contar la cola que es bastante corta y casi totalmente desprovista de placas. Esta especie tiene el cuerpo cubierto por una sola placa que va desde la cabeza a la cola, formada por placas rectangulares de superficie lisa. Tiene treinta y cuatro dientes, nueve a cada lado de la mandíbula superior y ocho a cada lado de la inferior.

Esta especie habita los llanos abiertos y las selvas húmedas pero es bastante escasa. En Venezuela se la halla al norte y al sur del Orinoco. Se alimenta preferiblemente de termitas, al pie de cuyas habitaciones o termiteros se hallan huecos de hasta cinco metros de profundidad, excavados por las fuertes y curvadas uñas del tercer dedo de la mano. Así, al buscar su alimento preferido, destruye estos montículos de termitas. Tiene cinco dedos en las manos y en las patas. Al andar se apoya sobre las garras curvadas de las manos, al paso que las patas traseras posan sus plantas completamente sobre el suelo.

Otra especie del género *Cabassous lugubris,* ha sido reportada de Colombia, Guyana y al norte del Brasil. Lo curioso es que no haya sido reportado de Venezuela, dejando una inexplicable laguna ecológica.

El *Cabassous unicinctus* se encuentra desde Honduras hasta el norte de la Argentina. En Sudamérica se halla sólo al oriente de la Cordillera de los Andes.

Conejo de monte *(Sylvilagus brasiliensis)*

LAGOMORFOS

El orden de los lagomorfos (un nombre que significa "con forma de liebre") abarca los pikas del Asia y Norteamérica y los conejos y liebres del Viejo y del Nuevo Mundo. Existen en todo el planeta, con excepción de la Antártida, Australia y Nueva Zelandia, aunque en estos dos últimos países fueron introducidos por el hombre no hace mucho tiempo, con resultados desastrosos. Habitan desde las regiones más cálidas hasta las más frías (como el Artico), y desde el nivel del mar hasta las cumbres nevadas.

Las pikas habitan en sitios rocosos, y tienen orejas cortas y redondas, y viven en madrigueras entre rocas. Los conejos y liebres, en cambio, tienen orejas largas y son excelentes corredores; algunos viven en madrigueras, al paso que otras especies viven en campo abierto.

Originalmente, los lagomorfos fueron incluidos entre los roedores. Pero su similitud más se debe a sus hábitos alimenticios que a su estructura anatómica. Al igual que entre los roedores, existe el mismo vacío entre los dientes incisivos y los molares, pero ahí termina la similitud. Los roedores tienen un solo incisivo superior y otro inferior a cada lado de la mandíbula, al paso que los lagomorfos tienen dos incisivos, uno detrás del otro, a cada lado. Existen, desde luego, muchas otras diferencias en el esqueleto y otras características que se detectan fácilmente al comparar especies de los dos órdenes.

LAGOMORHA
- OCHOTONIDAE .... 14 especies
  (Pikas)
- *LEPORIDAE .... 52 especies
  (Liebres y Conejos)

Orden LAGOMORPHA
Familia LEPORIDAE
Subfamilia LEPORINAE

Oryctolagus cuniculus	Conejo (Introd. de Europa)
Sylvilagus andinus	Conejo de monte
Sylvilagus brasiliensis	Conejo de monte
Sylvilagus floridanus	Conejo de monte

Familia LEPORIDAE

CONEJO DE MONTE

Sylvilagus floridanus

Los conejos "cola de algodón" sólo existen en las Américas. Se caracterizan por el color blanco en la parte inferior de la pequeña cola en varias especies. La cola parece como si una pequeña mota de algodón se le hubiera adherido al trasero del conejo. El pelaje va de gris a rojizo-marrón en el lomo. Tienen buen oído y localizan muy bien los sonidos. Los ojos son grandes, pero no tienen capacidad de distinguir los colores: ven sólo matices de gris. Son activos al atardecer y durante la noche. No viven en colonias y no construyen sus propias madrigueras, usando en cambio otras depresiones para reposar durante el día o para escapar de sus enemigos. Estos conejos pueden alcanzar velocidades de hasta 30 km por hora. Se alimentan de plantas, inclusive cáscaras de los árboles, retoños y ramitas. Las hembras producen varias crías que nacen ciegas y desnudas. El período de gestación va de 26 a 30 días, y las crías nacen en un nido construido sobre la superficie del suelo. Debido a que tienen una multitud de predadores, producen de 4-6 crías, pudiendo llegar a tener una hembra en buenas condiciones de 4-5 camadas por año. Esta especie tiene grandes fluctuaciones en el tamaño de las poblaciones a lo largo de los años. Tiene la virtud de ser naturalmente resistente a la mixomatosis. Se encuentra desde el sur de Canadá hasta los 25° de latitud sur, y hasta 4.500 metros de altitud.

En Venezuela existen tres especies de conejo de monte (*Sylvilagus andinus, brasiliensis* y *floridanus).* La primera *(Sylvilagus andinus,* o conejo de monte paramero) habita en el matorral alto andino y el páramo de los Estados Mérida y Táchira; la segunda (*Sylvilagus brasiliensis*) es una especie que prefiere las zonas selváticas y se conoce del Estado Bolívar y de la Cordillera de la Costa. La tercera *(Sylvilagus floridanus)* se encuentra en las zonas bajas, cálidas y abiertas de todo el país, especialmente en los llanos y las zonas xerófilas y es la más común.

Puercoespín *(Coendou prehensilis)*

ROEDORES

Los roedores constituyen el orden más numeroso de los mamíferos. Más de la mitad de las especies de mamíferos existentes hoy en día pertenecen a este orden. Además, muchas especies de roedores sobrepasan todos los demás grupos de mamíferos en el número total de individuos. Es por ello comprensible que los roedores hayan jugado papel tan importante en la vida de los humanos, con quienes han estado asociados desde el comienzo mismo del aparecimiento del hombre. Las ratas y los ratones, junto con las pulgas, los piojos, las chinches, los mosquitos y las moscas han jugado un papel preponderante en la vida del hombre, debido a las enfermedades y molestias que causan.

Los roedores varían en tamaño desde el ratón pigmeo hasta el chigüire, y su peso oscila entre 4 gramos y 50 kilos. Muchas especies tienen una larga cola, a veces cubierta de pelo. El cuerpo es cilíndrico de piernas cortas; las traseras son generalmente más largas que las delanteras. El cuello es grueso y la cabeza, vista de perfil, parece truncada, como resultado de su dentición característica. Tienen garras en los dedos, que pueden ser fuertes en las especies escarbadoras. En las palmas de las manos y plantas de los pies hay zonas acolchadas que pueden ser características de la especie. Hay una glándula sebácea en los folículos capilares, y una mayor acumulación local de varias glándulas epidérmicas en los llamados cuerpos glandulares en la zona de las mejillas (como en las marmotas), en la oreja (lemmings), en los costados y en las ingles (ratones cricétidos), y en la zona anal (muchos roedores del tipo del puercoespín). Además hay "sacos de aceite" y glándulas prepuciales. Las glándulas mamarias, que generalmente se hallan en el pecho y/o en la zona estomacal, aparecen arriba en los costados en la nutrias, arriba de las axilas en los puercoespines del Nuevo Mundo, y en los muslos de la jutías de Cuba. Hay de 2 a 18 mamas. El cráneo tiene un gran arco zigomático, una notable "bulla" timpánica y partes recíprocamente móviles en la mandíbula inferior. Tienen dos dientes incisivos en cada mandíbula y tres molares a cada lado en cada mandíbula. Como faltan los caninos y los premolares, cuando el animal roe, la mandíbula inferior se desplaza hacia adelante; los molares inferiores quedan debajo del vacío superior de los dientes faltantes, y así no se rozan con los molares superiores. Cuando el animal quiere masticar, retrotrae la mandíbula inferior, los molares se corresponden, y los largos incisivos no se tropiezan. El labio superior está a veces hendido (labio leporino), y deja ver los incisivos.

Hay más de 300 géneros y casi tres mil especies de roedores. Ratones y ratas han sido culpables de las grandes epidemias de la historia: en el siglo catorce, más de una cuarta parte de la población europea fue diezmada por la peste bubónica, transmitida por las pulgas que las ratas portaban. Lo propio ha seguido sucediendo, siglo tras siglo, en diferentes regiones del globo.

Los roedores son los mamíferos de mayor capacidad de adaptación a los más diversos ambientes (desde los trópicos húmedos hasta el Artico), y a los más variados tipos de alimentos. Aparte de la peste bubónica, las ratas han sido portadoras de la leptospirosis, la rabia, la toxoplasmosis y la triquinosis. Los ratones transmiten la turalemia, la enteritis de Breslau y la encefalitis. Algunos roedores destruyen plantas y vegetación. En realidad, no hay material que no devoren, excepto el metal y el vidrio. Se ha dado el caso, en un zoológico de Alemania, en que varios elefantes murieron pues las ratas les habían roído las patas y causado heridas incurables que se infectaron. No existen animales más dañinos, ni tiene la especie humana mayores enemigos, en competencia con los insectos. Sin embargo, debido a su extremada fertilidad y a la rapidez de su reproducción, no ha habido animal más útil para la medicina que el ratón y sus congéneres. Literalmente miles de millones de individuos son sacrificados cada año en aras de la investigación científica, ya que los roedores poseen ciertas características fisiológicas muy similares a las humanas, que los hacen excelentes campos experimentales para ensayar nuevas drogas. De modo que la rata y el ratón se han vuelto los mejores amigos del hombre en el laboratorio.

Chigüire *(Hydrochoerus hydrochaeris)*

ROEDORES	*SCIUROMORPHA (Ardillas, Marmotas, etc.)	366 especies
	*MYOMOPHA (Ratas y Ratones)	1.183 especies
	*HYSTRICOMORPHA (Puercoespines, Casiraguas, Curíes, Lapas, Chigüires, etc.)	180 especies

Especies Venezolanas

Orden RODENTIA
Suborden SCIUROMORPHA
Superfamilia SCIUROIDEA
Familia SCIURIDAE
Subfamilia SCIURINAE
Tribu SCIURINI

1. *Sciurus aestuans*	Ardita guayanesa
2. *S. gilvigularis*	Ardita
3. *S. granatensis*	Ardita
4. *Hadrosciurus flammifer*	Ardilla gigante de vientre blanco
5. *H. igniventris*	Ardilla gigante amazónica

Familia HETEROMYDAE
Subfamilia HEREROMYINAE

6. *Heteromys anomalus*	Mochilero Rata Mochilera

Suborden MYOMORPHA
Superfamilia MUROIDEA
Familia CRICETIDAE
Subfamilia CRICETINAE
Tribu HESPEROMYINI

7. *Akodon urichi*
8. *Anotomys trichotis*
9. *Calomys hummelincki*
10. *Chilomys instans*
11. *Daptomys venezuelae*

12. *Holochilus brasiliensis*	Ratón de agua
13. *Ichthyomys hydrobates*	
14. *I. pittieri*	Ratón pescador
15. *Microxus bogotensis*	
16. *Neacomys guianae*	
17. *N. tenuipes.*	Ratoncito semiespinoso
18. *Nectomys alfari*	
19. *N. squamipes*	
20. *Oryzomys albigularis*	Rata montañera caraqueña
21. *O. bicolor*	
22. *O. capito*	
23. *O. concolor*	
24. *O. fulvescens*	
25. *O. macconnelli*	
26. *O. minutus*	
27. *Podoxymys roraimae*	
28. *Rhipidomys couesi*	
29. *R. fulviventer*	
30. *R. leucodactylus*	
31. *R. macconnelli*	
32. *R. mastacalis*	
33. *R. sclateri*	
34. *R. venezuelae*	
35. *R. venustus*	
36. *Sigmodon hispidus*	Rata algodonera
37. *Sigmomys alstoni*	Ratón de monte
38. *Thomasomys aureus*	
39. *T. hylophilus*	Ratón lanoso del Tamá
40. *T. laniger*	
41. *T. lugens*	
42. *T. vestitus*	
43. *Zygodontomys brevicauda*	

Familia MURIDAE

Subfamilia MURINAE

44. *Mus musculus*	Guachero
45. *Rattus norvegicus*	Rata casera
46. *R. rattus*	Rata casera

Suborden CAVIOMORPHA

Familia ECHIMYIDAE

Subfamilia ECHIMYINAE

47. *Echimys armatus*

48. *E. semivillosus*	Canarete, Curareque, Casiragua arborícola, Rata espinosa arborícola
49. *Isothrix bistriata*	Coro-coro
50. *Mesomys hispidus*	Rata espinosa
51. *Proechimys canicollis*	
52. *P. guyanensis*	Rata espinosa, Casiragua, Guarareque, Rata espinosa terrestre
53. *P. hoplomyoides*	
54. *P. semispinosus*	
Subfamilia DACTYLOMYINAE	
55. *Thrinacodus edax*	
Superfamilia CAVIOIDEA	
Familia CAVIIDAE	
Subfamilia CAVIINAE	
56. *Cavia porcellus*	
Familia HYDROCHOERIDAE	
57. *Hydrochoerus hydrochaeris*	Chigüire, Piro-piro
58. *H. isthmius*	Piro-piro, Chigüire Zuliano.
Familia DASYPROCTIDAE	
Subfamilia CUNICULINAE	
59. *Agouti paca*	Lapa, Guardatinajo
60. *A. taczanowskii*	Lapa paramera
Subfamilia DASYPROCTINAE	
61. *Dasyprocta aguti*	Picure, Acure
62. *D. fuliginosa*	Picure cenizo, Picure apureño, Picure azul, Picure grisáceo
63. *D. guamara*	Guamara, Picure deltano
64. *D. punctata*	Picure Zuliano de Grupa Negra
65. *Myoprocta pratti*	Picurito rabilargo
Superfamilia ERETHIZONTOIDEA	
Familia ERETHIZONTIDAE	
Subfamilia ERETHIZONTINAE	
66. *Coendou insidiosus*	Puercoespín peludo negruzco
67. *C. prehensilis*	Puercoespín común
68. *C. vestitus*	Puercoespín peludo parduzco

Familia SCIURIDAE

ARDITA COMUN

Sciurus granatensis

Este es sin duda uno de los más bellos de los roedores, por el color de su piel, la elegancia de su cola, y su simpático comportamiento, siempre juguetón y alegre.

A igual que todas las ardillas, ésta posee un hueso copulador en el pene, cuya estructura es factor determinante para la clasificación de las especies. Los órganos sexuales de la vagina se vuelven muy callosos durante la temporada de celo. La hembra tiene ocho mamas. La preñez dura unos treinta y ocho días. La camada es de uno a tres ejemplares, generalmente dos. Al nacer, las ardillas son rosadas y sin pelo, y pesan de 8 a 12 gramos. Después de unos diez a doce días empieza a salirles el pelo. La madre cuida mucho de la limpieza de sus pequeños, y les enseña a jugar y a trepar. Como refugio para ellas mismas y sus crías, las arditas construyen nidos de hojas en los árboles, como sitio de pernoctar y refugio para el mal tiempo.

El pelaje es abundante y suave de color marrón-rojizo, con la región dorsal salpicada de un matiz rojizo-amarillento y negro. La región ventral es anaranjada y la barbilla, la garganta y la parte interna de los miembros anteriores son de color marrón grisoso. La cola es larga y espesa, y le sirve de timón para los grandes saltos aéreos que ejecuta, a veces hasta de cuatro metros, entre las ramas de los árboles, e incluso le sirve de paracaídas cuando se deja caer al suelo. La ardita tiene la visión muy desarrollada, particularmente la de objetos verticales, por la particular disposición de su retina que distingue distancias y formas pero no distingue bien los colores. Asimismo tiene el tacto muy sensible ya que posee vibrisas (pelos táctiles largos dispuestos en forma de brocha), dispuestos en diferentes partes del cuerpo, que le permiten mantenerse a una adecuada distancia y contacto con las superficies de soporte en los árboles.

Se alimenta de frutas, cortezas, hongos, yemas y hojas tiernas. A veces devora pichones y huevos de pájaros. En los cacaotales es muy temida debido a las depredaciones que causa en las mazorcas del cacao. La ardita es uno de los mamíferos silvestres más comunes en el país y habita las selvas y bosques de la zona tropical y subtropical con ocho subespecies, una inclusive en la isla de Margarita.

Familia HETEROMYIDAE

MOCHILERO

Heteromys anomalus

Los Heterómidos se distinguen por poseer púas y cerdas suaves que, sin embargo, terminan en puntas, por lo que la piel es áspera y burda. La cola, que está cubierta de escamas, tiene unos cuantos pelos, y es siempre más larga que el cuerpo. Las patas delanteras son cortas, y las traseras, especialmente los tres dedos del medio, son largos y angostos, aunque no tan largos como en las ratas canguro. La cabeza es aguzada, como la de una rata; el trasero parece ser bastante lleno. La piel del dorso es amarillo-rojiza a rojizo-marrón, las partes ventrales son siempre de un blanco brillante. Una de sus características más resaltantes son las amplias bolsas de piel en cada carrillo, en las cuales almacena semillas para su alimentación. El estómago es pequeño. El intestino es del doble del tamaño del cuerpo, y cualquier alimento que ingiera el animal lo reduce a una fina pulpa. Estos roedores se hallan en mesetas desiertas y tierras estériles de Centroamérica y del norte de Sudamérica. Recientemente han invadido áreas cultivadas, donde causan serios daños. En Trinidad han invadido, incluso, los silos.

En Venezuela existe una especie con tres subespecies: la típica en la mayor parte del país; la *H. anomalus brachialis* en el Zulia, y la *H. anomalus jesupi,* del nordeste de Colombia, es posible que exista en el noroeste de Venezuela, al occidente del lago de Maracaibo.

El mochilero prefiere los bosques de la zona tropical y subtropical y también se le encuentra con menos frecuencia en áreas secas y llanas.

Familia HYDROCHOERIDAE

CHIGÜIRE

Hydrochoerus hydrochaeris

El chigüire, capybara o carpincho (los tres nombres con que se designa al mayor de los roedores en Venezuela, Brasil y la Argentina, respectivamente) llega a medir 50 cm de alto, y a tener una longitud de hasta 130 cm, y un peso de 50 kilos. Vive en las regiones cálidas a orillas de ríos y lagunas, en manadas más o menos numerosas.

El chigüire se reúne en grandes manadas al final de la época de sequía, alrededor de los cursos de agua y lagunas. Estas manadas se dispersan en la época de lluvias en las sabanas inundadas. Su alimentación es exclusivamente vegetariana e incluye diversas especies de gramíneas terrestres y plantas acuáticas, las cuales son finamente desmenuzadas.

Es un animal manso, en las zonas en que no es cazado en exceso. La hembra produce en nuestros llanos 3 camadas cada 2 años con un promedio de seis crías por parto, que nacen plenamente desarrolladas. Viven de ocho a diez años. El mayor enemigo del chigüire es el hombre, quien lo caza para aprovechar su carne que es muy del gusto de los llaneros, aunque también puede ser presa de yaguares, caimanes, y sobre todo de perros alzados. Es un animal crepuscular; la piel es de color amarillo parduzco y es cerdosa. El hocico es obtuso, con el labio superior hendido; las orejas son pequeñas y redondeadas. Las patas traseras son más largas que las anteriores; tiene cuatro dedos en las patas delanteras y tres en las traseras, que están unidos por membranas natatorias. Los ojos son grandes y protuberantes, como conviene a un animal de hábitos crepusculares y nocturnos. Los machos tienen una eminencia glandular detrás de la nariz, la cual se encuentra muy desarrollada en los machos viejos y parece servir para el marcado territorial.

El chigüire en Venezuela habita toda la zona de los llanos donde haya cursos de agua, aunque en ciertas partes la excesiva cacería furtiva ha reducido su número, ya que su carne seca y salada tiene gran demanda en la época de Semana Santa, por lo cual en algunos hatos se explota comercialmente con buenos resultados económicos. También se encuentra en el Edo. Bolívar, los dos territorios, en la cuenca del lago de Valencia donde es muy escaso, y en la cuenca del lago de Maracaibo donde habita una especie un poco más pequeña (*H. isthmius*), allí llamada piro-piro.

Humboldt nos dejó una hermosa descripción del chigüire: “Continuando la bajada por el río Apure”, escribe el sabio alemán, “encontramos la manada de chigüires que el tigre había puesto en fuga y entre los cuales había escogido su presa. Estos animales nos miraron desembarcar tranquilamente. Unos estaban sentados y parecían fijarse en nosotros, respingando el labio superior a la manera de los conejos, y, aunque no parecían temer al hombre, la vista de nuestro gran perro los hizo poner en fuga. Como sus extremidades posteriores rebasan las anteriores, corren en un galope corto, mas con tan poca velocidad, que logramos atrapar dos. El chigüire, empero, nada con la mayor agilidad, y lanza, cuando corre, un ligero quejido, como si estuviese impedida su respiración. Es el mayor animal de la familia de los roedores. No se defiende sino en último caso, cuando está cercado y herido. Como sus dientes maxilares, sobre todo los posteriores, son sumamente fuertes y bastante largos, puede de una dentellada desgarrar la pata de un tigre o la pierna de un caballo. Su carne tiene un olor almizclado bastante desagradable, pero con todo, preparan con ella jamones en el país, lo cual casi justifica el nombre de *puerco de agua* que algunos antiguos naturalistas han dado al chigüire. Los monjes misioneros no titubean en comer estos jamones durante la cuaresma. Conforme a su clasificación zoológica, colocan al *cachicamo,* al *chigüire* y al *manatí* junto con las tortugas; el primero, porque está cubierto de una carapacho duro o especie de concha; y los demás porque son anfibios. Por las orillas de los ríos Santo Domingo, Apure y Arauca, en los pantanos y sabanas inundadas de los llanos, los chigüires se encuentran en tan gran número, que los pastos se ven afectados. Pacen la yerba que más engorda a los caballos, la cual lleva el nombre de *chigüirera* (yerba de chigüire). Nútrense también de pescado; y con admiración hemos visto que, asustado por la aproximación de una canoa, el animal se sumerge y permanece de 8 a 10 minutos debajo del agua".

Familia DASYPROCTIDAE

LAPA

Agouti paca

Las lapas miden de 65 a 82 cm de largo los machos; las hembras son un poco más pequeñas, de 60 a 70 cm, y pueden llegar a pesar 10 kilos. La cabeza es ancha y distendida a los lados. Los ojos son protuberantes. Las orejas son de tamaño mediano. Tienen un cuerpo poderoso. Los miembros son fuertes; tienen cuatro dedos en las patas anteriores y cinco en las posteriores. Tienen dos pares de mamas. El arco zigomático es comprimido y tiene una cavidad en el centro que se conecta con la cavidad oral (una ocurrencia única entre los mamíferos). Esta cámara ósea aloja dos bolsas tegumentarias, las cuales conforman un aparato para la amplificación y reverberación del sonido. Otra particularidad de la lapa es la conformación de su pene, el cual posee dos espolones y placas laterales aserradas, las cuales se cree que anclan el pene en la vagina produciendo un efecto estimulatorio que podría actuar sobre la ovulación.

Las dos especies del género existen en Venezuela; la primera, *A. paca* está distribuida ampliamente en toda la zona tropical, desde las tierras cálidas hasta las selvas nubladas en el piso subtropical, cerca de las márgenes de las corrientes de agua; la segunda, *A. taczanowskii,* está restringida a los bosques altos de los Andes, del piso templado en los Estados Táchira, Mérida y Trujillo y en el Páramo de las Rosas en el Estado Lara.

El pelaje es liso y corto de color amarillento salpicado de manchas redondeadas amarillo claro alineadas a lo largo del dorso. La lapa paramera tiene un pelaje más tupido y largo, con una lanilla grisácea. Además, tiene una coloración más oscura y las líneas de pintas blancas no tienden a fusionarse. Su carne es de un sabor exquisito por lo cual es muy perseguida por los cazadores.

La lapa es de hábitos nocturnos, solitaria y muy arisca; pasa el día en sus cuevas. Su alimentación es vegetariana y muy variada. La exquisita carne de gran demanda ha originado una despiadada persecución con perros adiestrados, trampas o mediante veladeros que ha originado su desaparición en zonas donde antes existía. A pesar de tener una amplia distribución, tiene una baja densidad de población, pues sólo tiene dos partos por año de una cría cada uno y asimismo es directamente afectada por las alteraciones del habitat (talas, deforestaciones y quemas incontroladas).

Como es posible mantenerlas en cautividad, donde se reproducen libremente, bien valdría la pena dedicarse a cultivar este estupendo animal de carne tan delicada, la cual sería la única forma de salvarlo de la extinción.

PICURE

Dasyprocta aguti

Los picures son más pequeños y más delicados que las lapas. La cabeza no está distendida a los lados. Las orejas son de tamaño mediano. Los miembros son delgados. Cada pata anterior tiene cuatro dedos, y tres en las posteriores. El pelaje es espeso y brillante. Las hembras tiene dos pares de mamas.

Röhl, quien describió esta especie bajo el nombre de *D. rubrata,* escribe lo siguiente: "El Acure de monte tiene las dimensiones de un conejo grande, midiendo cerca de 0,50 metros de largo. El color de su pelaje es amarillo oscuro, formado por la combinación de pelos amarillos, rojizos y oscuros. Su cuerpo es más bien delgado y esbelto, con las patas bastante largas y finas y propias para correr. Cuando se ve perseguido corre velozmente, dando saltos, encorvando el lomo a la manera de los gatos y encajando las patas traseras que son más largas y fuertes que las anteriores. Los dedos están provistos de fuertes pezuñas y adaptados para cavar, especialmente los de las patas traseras que son muy delgados y bastante largos.

"Vive en los montes de suelos blandos, donde puede cavar rápidamente sus cuevas, las que están compuestas de diferentes galerías, cada una de las cuales tiene su salida aparte. Como es de vida nocturna, abandona su madriguera en las horas del crepúsculo, en busca de sus alimentos: raíces, almendras, frutas; especialmente causa daños en las arboledas de cacao y conucos de frutos menores, etc. Cuando come, lo hace sentado, llevándose el alimento a la boca con las manos. Es muy solicitado por su buena carne".

El picure es de hábitos relativamente similares a los de la lapa, aunque en las zonas donde no se le caza es más bien diurno. Tiene una tasa de reproducción superior ya que pare de dos a cuatro crías, después de una gestación de tres meses.

Mondolfi cita cuatro especies de picures en Venezuela y una especie afín que es el acuchi o picurito rabilargo (*Myoprocta pratti*) que se diferencia del picure por poseer una cola de hasta 7 cm y vive en las selvas del Estado Bolívar y territorio Amazonas.

Familia ERETHYZONTIDAE

PUERCOESPIN

Coendou prehensilis

Los puercoespines son roedores nocturnos, arbóreos y vegetarianos, de movimientos lentos y cautelosos. Sin embargo, son trepadores inusitadamente seguros y hábiles. Sus colas prensiles son excepcionales en cuanto se adhieren por la parte superior, a diferencia de los monos, ratas marsupiales y otros mamíferos prensiles.

Los puercoespines pasan el día en las copas frondosas de los árboles, o en troncos huecos, o en agujeros en el suelo. Su cobertura de púas le sirve de protección muy efectiva contra la mayoría de sus enemigos. Las púas no están muy fuertemente adheridas, por lo que se le caen fácilmente; debido a que las púas son barbadas, se entierran muy firmemente en la piel del atacante. Un perro que ataque a un puercoespín que esté tranquilamente sentado en el suelo terminará con el hocico lleno de púas que no podrá quitarse por sí mismo, y así sin ayuda humana, morirá de hambre o de sed o asfixiado. A menudo las partes del cuerpo que han sido heridas por las púas se inflaman notablemente. A pesar de esto, sin embargo, muchos animales carnívoros han aprendido a dominar al puercoespín sin recibir heridas de sus púas. Azara descubrió púas de puercoespín en heces de yaguar varias veces; al parecer las púas pasaron por el tracto digestivo sin causar daño alguno.

Aunque los puercoespines pueden forzarse a permanecer tranquilos e inmóviles ante sus enemigos, pueden mostrar mucha belicosidad entre ellos mismos. Muerden y lanzan dentelladas a otros de su especie y tratan de clavarse mutuamente sus púas. Generalmente viven una vida solitaria. Sin embargo, los puercoespines pueden ser amistosos y mansos con la gente.

Su largo es de aproximadamente un metro, del cual la mitad aproximadamente corresponde a la cola. Tiene un fuerte olor muy desagradable por el cual se reconoce su presencia en los árboles, aunque no se le vea. Pare una sola cría relativamente grande y cubierta de espinas suaves que se endurecen al poco tiempo. En Venezuela hay tres especies, de la cual la común (*Coendou prehensilis*) está ampliamente distribuida en selvas tropicales y subtropicales de todo el país, mientras que las otras dos son mucho más escasas. El puercoespín peludo parduzco (*C. vestitus*) se encuentra en las selvas tropicales superiores y subtropicales de la Cordillera de los Andes y la Costa y el puercoespín peludo negruzco *(C. insidiosus)* se halla en algunas zonas selváticas del Territorio Amazonas y Delta Amacuro.

CETACEOS

El orden de los cetáceos comprende noventa y dos especies de ballenas, delfines y marsopas. Se dividen en dos grupos bien diferenciados: las ballenas con dientes, de las cuales hay ochenta especies, y las ballenas con "barbas" en vez de dientes, de las cuales hay doce. Se hallan virtualmente en todos los mares del mundo y hay especies dulceacuícolas como nuestra tonina.

Entre estos mamíferos se hallan los animales más voluminosos del mundo. Hay un récord de una ballena azul que pesó 136,4 toneladas. Tienen cráneo voluminoso, carecen de cuello y de aletas pélvicas, y la cola se ha aplastado en forma horizontal. Las ballenas dentadas tienen un solo orificio nasal en el tope de la cabeza, al paso que las barbadas tienen dos. Carecen de glándulas sudoríparas y de pelo; sólo unas cuantas cerdas se encuentran ubicadas en la trompa. No tienen orificios aurales.

Las ballenas producen una gran variedad de sonidos que han sido grabados. Al parecer, son capaces de improvisar "canciones" y de realizar constantes variaciones sobre un tema dado. Dan muestra de una gran inventiva. Los delfines, por su parte, son considerados los mamíferos más inteligentes, aparte del hombre, y al parecer tienen un lenguaje bien definido. Para navegar usan un sistema de eco-locación o radar, similar al utilizado por los murciélagos.

Las ballenas dentadas se alimentan de peces, unos cuantos mamíferos acuáticos y de invertebrados de gran tamaño; las barbadas, por el contrario, se alimentan de plancton en inmensas cantidades. Esto lo hacen filtrando los diminutos organismos a través de las "ballenas", constituidas por una fila de placas transversales que descienden del paladar. Los bordes internos de estas placas son orlados y actúan como coladores. Cuando el agua entra a la boca tiene que salir a través de estos coladores y los millares de pequeños organismos quedan atrapados. Entonces la boca se cierra y la gigantesca lengua llena la cavidad de la boca y automáticamente empuja el pancton por la garganta de la ballena. Para dar una idea del gigantismo de esta operación, baste recordar que la lengua de una gran ballena azul pesa cuatro toneladas, o sea el peso de un elefante normal.

CETACEOS	*ODONTOCETI (Ballenas dentadas)	80 especies
	MYSTICETI (Ballenas "barbadas")	12 especies

Especies Venezolanas

Orden CETACEA
Suborden ODONTOCETI
Superfamilia PHYSETEROIDEA
Familia PHYSETERIDAE
Subfamilia PHYSETERINAE

1. *Physeter catodon*	Ballenato; Cachalote; Chacalote

Familia ZIPHIIDAE

2. *Ziphius carirostris*

Superfamilia PLATANISTOIDEA
Familia INIIDAE

3. *Inia geoffrensis*	Bufeo; Tonina

Superfamilia DELPHINOIDEA
Familia STENIDAE

4. *Steno rostratus*	Tonina
5. *Sotalia fluviatilis*	
6. *S. guianensis*	

Familia DELPHINIDAE
Subfamilia DELPHININAE

7. *Delphinus delphis*	Delfín; Tonina
8. *Stenella longirostris*	
9. *Tursiops truncatus*	

Subfamilia ORCININAE

10. *Globicephala macrorhyncha*	Tonina
11. *Pseudorca crassidens*	

Familia INIIDAE

TONINA

Inia geoffrensis

"Restablecióse la calma y el silencio, escribe Humboldt, y al momento se agitaron en la superficie del agua numerosos grandes cetáceos de la familia de los sopladores, semejantes a los delfines de nuestros mares. El cachazudo y perezoso caimán parecía temer la presencia de aquellos seres turbulentos, y le veíamos sumergirse cuando se acercaban a él. Es muy singular que se encuentren cetáceos tan lejos de las costas; se les halla en todas las estaciones del año, y nada parece indicar que emigren como los salmones. Los españoles los llaman *toñinas,* lo mismo que a los delfines marinos; el nombre indio es *orinocona.*

"En lo más espeso del bosque oímos de repente un ruido singular, y armábamos nuestras carabinas cuando apareció una manada de estos cetáceos, de cuatro pies de largo, que rodearon nuestra embarcación. Aquellos animales estaban ocultos debajo de la rama de un árbol; atravesaban el bosque acuático, y lanzaban al aire los chorros de agua que les han valido en todas las lenguas el nombre de sopladores. Extraño espectáculo ofrecían todos aquellos cetáceos en medio de las tierras, a 300 ó 400 millas de la embocadura del Orinoco y del río Amazonas".

Este cetáceo de las hoyas del Orinoco y del Amazonas llega a tener un tamaño de 2 a 3 m; es generalmente azul grisoso, pero con muchas variaciones de color, que van del rosado al negro. Los ojos son muy pequeños, y la apertura aural es claramente visible. Las aletas pectorales son grandes y anchas. La de la cola es relativamente grande.

Es un animal que en cautiverio llega a ser excepcionalmente manso y amistoso. Su piel es suave, a diferencia de la del delfín marino que es correosa y áspera. El cuerpo es alargado y gordo. La cabeza termina en un hocico largo y angosto, en forma de pico, redondeado y obtuso, y cubierto de cerdas rígidas. En cada mandíbula tiene de 66 a 68 dientes muy afilados y agudos; sin embargo, los últimos dientes posteriores tienen forma de molares. Aparte de esta anomalía hay ejemplares que tienen un sexto dedo en sus aletas y otros con un tercer cóndilo occipital. Es de movimientos muy lentos. Nada tranquilamente, y de vez en cuando saca la cabeza para respirar, lo cual hace de manera muy ruidosa, cada medio minuto cuando está tranquila, imitando el piafar de un caballo, lo que le ha valido el nombre de "bufeo" que se le da a veces. Se alimenta de peces, incluyendo aquellos que están en el fondo de los ríos; para apresarlos se vale más probablemente del tacto y oído que de la vista, la cual está pobremente desarrollada y no le es de mucha utilidad en las aguas turbias en que vive. Se cree que utiliza la eco-locación para evitar obstáculos y conseguir sus presas. A diferencia de los delfines marinos no da saltos fuera del agua ni ejecuta las graciosas acrobacias de éstos. Pero sin duda es un animal altamente inteligente. Hay un cúmulo de supersticiones en torno a las toninas que han ayudado a la conservación de la especie, la cual, además, no es aprovechada por el hombre. Ultimamente se ha logrado mantenerla en cautiverio, pero no ha sido una especie de fácil cuido y mantenimiento.

Familia DELPHINIDAE

TONINA; DELFIN

Delphinus delphis

A lo largo de la costa venezolana se encuentra el delfín o tonina que nada en grupos junto a las embarcaciones, ofreciendo un interesante espectáculo con sus saltos y acrobacias. A diferencia de la tonina del Orinoco, es un animal que nada muy rápidamente. La mandíbula en forma de pico es relativamente larga, angosta y aguzada. La aleta dorsal es de tamaño mediano, como las aletas pectorales, que son aguzadas. Tienen de cuarenta a cincuenta dientes pequeños en cada mitad de la mandíbula. Mide de 1,5 a 2,5 m y puede pesar hasta 75 kilos. Se le halla en el mundo entero, en aguas cálidas y templadas. Su alimentación se compone de peces y moluscos cefalópodos e inclusive hasta peces voladores, lo cual da una idea de su agilidad. Tienen una gestación de 9 meses, después de la cual paren una sola cría. Su cerebro presenta asombrosas similaridades con el cerebro humano.

Con este delfín y con el llamado delfín pico de botella, *Tursiops truncatus,* se han realizado numerosos estudios y se ha descubierto que es uno de los animales más inteligentes que existen. Evidentemente posee un lenguaje con el que se comunica con sus congéneres. Su vocabulario ha llegado a ser clasificado, y hay especialistas que logran "conversar" con los delfines en cautiverio, y darles órdenes que son prontamente obedecidas.

CARNIVOROS

A comienzos del terciario aparecieron los carnívoros, que hoy ocupan gran parte de la superficie terrestre. Antes de que apareciera el hombre, no había miembros de este orden en Nueva Zelandia ni en Australia.

Los carnívoros actuales están divididos sobre la base de su anatomía y comportamiento en dos subórdenes: carnívoros terrestres (Fissipedia), y carnívoros acuáticos (Pinnipedia). Pero según investigaciones recientes la subdivisión no es del todo correcta, pues análisis del suero sanguíneo han demostrado que los Pinípedos están íntimamente relacionados con los osos, y deberían pertenecer a la superfamilia Arctoidea. Pero su apariencia exterior, originada por su adaptación a vivir en el agua los diferencia tanto de los carnívoros terrestres, que se ha preferido mantener la clasificación acostumbrada.

La gran mayoría de los carnívoros, como su nombre lo indica, son devoradores de carne, con excepción del cuchicuchi nuestro y del panda gigante de China, que son vegetarianos. La mayoría devoran presas vivas, aunque hay algunos que son importantes consumidores de carroña. Los carnívoros más pequeños devoran huevos, insectos, gusanos y otros animales pequeños.

Los carnívoros tienen muy bien desarrollados sus sentidos. Tienen un cerebro bastante bien desarrollado. Según su tipo de alimentación han perfeccionado habilidades especiales: algunos ejecutan rápidas carreras, como el cheetah; otros son de carrera prolongada como el lobo; otros poseen gran habilidad para el salto, como los felinos; otros son trepadores como la marta; otros cazan el acecho como el gato montés; otros son elusivos como el armiño; y los hay incluso que son excavadores como los tejones. Las nutrias son los mejores nadadores y zambullidores entre los carnívoros terrestres, al paso que los osos polares son buenos zambullidores pero resisten poco tiempo en el agua. Los elefantes marinos y las morsas constituyen las mayores especies del suborden de los pinípedos. Son excelentes nadadores y zambullidores, pero son torpes moviéndose en tierra, con excepción de las focas orejonas.

La dentición es adecuada a su alimentación. La principal característica de los carnívoros son las muelas carnasiales, constituidas por los premolares de la mandíbula superior y los primeros molares de la inferior. Sus bordes estriados casan perfectamente y están admirablemente adecuados para desgarrar la carne, por lo que los carnívoros desgarran su presa "comiendo de medio lado".

Otra curiosa característica de los carnívoros es la existencia del "tapetum lucidum", una película en los ojos que refleja la luz, lo cual es fácilmente observable en gatos y perros durante la noche. Otro aspecto interesante es lo rudimentario o totalmente ausente de la clavícula, lo cual les permite correr más rápidamente que otros mamíferos con clavículas. En contraste, el cúbito y el peroné están muy bien desarrollados.

Los carnívoros tienen tractos intestinales cortos. Los machos tienen un hueso copulador, y el escroto está siempre fuera del cuerpo. Las hembras tienen glándulas mamarias ventrales y un útero doble. Las patas delanteras tienen generalmente cinco dedos y las traseras cuatro, con garras bastante afiladas. Los osos y Mustélidos son plantígrados, es decir, caminan con la planta del pie, pero la mayoría de los carnívoros andan tocando el suelo sólo con los dedos. Los felinos tienen las uñas retráctiles, y las esconden cuando corren. De lo contrario, se les desgastarían muy pronto.

Especies Venezolanas

Orden CARNIVORA
Suborden FISSIPEDIA
Superfamilia ARCTOIDEA
Familia MUSTELIDAE
Subfamilia MUSTELINAE

1.	*Mustela frenata*	Comadreja pequeña; Huroncito
2.	*Eira barbara*	Comadreja; Guache; Guanaico
3.	*Galictis vittata*	Hurón, Zorro camacito

Subfamilia MEPHITINAE

4. *Conepatus semistriatus*	Mapurite; Zorrillo

Subfamilia LUTRINAE

5. *Lutra annectens*	
6. *Lutra enudris*	Perro de agua
7. *Pteronura brasiliensis*	Nutria; Perro de agua

Familia PROCYONIDAE

Subfamilia PROCYONINAE

8. *Procyon cancrivorus*	Zorro lavamanos; Zorro cangrejero
9. *Bassaricyon gabbi*	
10. *Nasua nasua*	Guache; Zorro guache; Coatí
11. *Nasuella olivacea*	Guache paramero
12. *Potos flavus*	Cuchicuchi

Familia URSIDAE

13. *Tremarctos ornatus*	Oso real; Oso frontino; Oso andino, El salvaje

Superfamilia CYNOTELOIDEA

Familia CANIDAE

14. *Canis (Canis) familiaris*	Perro
15. *C. (Cerdocyon) thous*	Zorro
16. *C. (Vulpes) cinereoargenteus*	Zorro gris
17. *Speothos venaticus*	Perro de monte; Grullero

Familia FELIDAE

18. *Felis catus*	Gato (introducido)
19. *F. (Puma) concolor*	Puma; León; León bayo; León barreteado; León venadero
20. *F. onca*	Yaguar; Tigre; Mano de plomo
21. *F. (Leopardus) pardalis*	Cunaguaro; Ocelote; Manigordo
22. *F. (Leopardus) tigrina*	Tigrito; Gato de monte
23. *F. (Leopardus) wiedi*	Cunaguaro; Tigrito
24. *F. (Herpailurus) yagouaroundi*	Onza; Gato montés; Gato cervantes

- CARNIVORA
  - FISSIPEDIA
    - *MIACOIDEA
      - *MIACIDAE
    - *ARTOIDEA
      - *MUSTELIDAE (Comadrejas, Martas, Nutrias, Visones, Tejones, Zorrillos, etc.)
      - *PROCYONIDAE (Zorros cangrejeros, Coatíes, etc.)
      - AILURIDAE (Pandas)
      - *URSIDAE (Osos)
    - *HERPETOIDEA
      - VIVERRIDAE (Ginetas, Algalias, Mangostas, etc.)
      - PROTELIDAE (Próteles o Hiena sudafricana = Aardwolves)
      - HYAENIDAE (Hienas)
      - *CANIDAE (Perros, Lobos, Chacales, Zorros)
      - *FELIDAE (Tigres, Leones, Gatos, etc.)
  - PINNIPEDIA
    - OTARIOIDEA
      - OTARIIDAE (Leones marinos, etc.)
      - ODOBENIDAE (Morsas)
    - PHOCOIDEA
      - PHOCIDAE (Focas)

Familia MUSTELIDAE

COMADREJA PEQUEÑA, HURONCITO

Mustela frenata

La comadreja pequeña se asemeja mucho al armiño y a la marta. Es un pequeño animal de porte muy elegante, de cuerpo delgado y largo, con una cola de hasta 15 cm de largo, al paso que la longitud del cuerpo es de unos 28 cm. Es de color castaño claro en su parte superior, pasando a castaño oscuro en la cabeza y la punta de la cola; la garganta, lados de la cara y labios son blancos. Las orejas son pequeñitas, con una banda diagonal blanca.

La distribución de *Mustela frenata* se extiende desde el Canadá en su parte sur, pasando por todos los Estados Unidos, Centro América y la parte norte de Sudamérica, incluyendo Bolivia y el Perú.

Es una cazadora preferiblemente nocturna, aunque también caza de día. Ataca pequeños mamíferos, incluso más grandes que ella, a los que persigue incesantemente hasta agotarlos, los arrincona y luego, de un certero mordisco en la yugular, les causa la muerte. Es un predador pequeño, ágil y alerta, capaz de predar sobre presas varias veces más pesadas, incluyendo conejos, culebras y hasta ardillas en los árboles, lo cual da una idea acerca de su agilidad. Para la cacería utilizan principalmente el olfato, aunque la vista y el oído también están bien desarrollados.

Este pequeño animal debe protegerse, pues es un estupendo depredador de ratas y ratones, aunque también se acerca a veces a los gallineros, siendo el daño que causa en ellos negligible en comparación al que causan las ratas, de las cuales es un predador muy eficiente.

Esta especie presenta un fenómeno reproductivo denominado "implantación retardada", en el cual los embriones permanecen sin desarrollarse en el útero después de la fertilización durante algún tiempo, antes de implantarse y completar su crecimiento embrionario y fetal. El nacimiento ocurre 3-4 semanas después de la implantación, pero la gestación puede tener un largo total de 7-12 meses. Pare de 3 a 8 crías que son destetadas a las cinco semanas y ya cazan a los dos meses de edad. El macho ayuda en la crianza de los cachorros llevando presas al nido. En el norte del continente, esta especie muda su pelaje según las estaciones, cosa que no ocurre en el trópico. En Venezuela, el huroncito se encuentra localmente distribuido en las selvas subtropicales de la Cordillera de la Costa, en el piso subtropical y templado de los Andes de Mérida y Táchira y en el piso subtropical de los cerros Yaua, Duida y Auyantepuy al sur del Orinoco.

COMADREJA, GUACHE, ZORRO GUAPAN, EIRA

Eira barbara

La comadreja se encuentra en todo el país, desde las selvas tropicales, hasta las selvas subtropicales de la Cordillera de la Costa, de los Andes y de la sierra de Perijá.

Tiene cuerpo alargado de 60-68 cm, con una larga cola de 38-47 cm y un peso que va de los 4.000 a los 5.000 gramos. Está muy emparentada con las martas de las zonas templadas, y es la única especie del género. Es delgada, con un largo cuello, patas cortas, cabeza ancha, orejas cortas y redondeadas, y piel corta y densa, con una coloración marrón oscuro o negruzca con la cabeza más clara y una mancha clara en el pecho en algunos ejemplares. Su distribución es desde el sur de México hasta el Paraguay y la Argentina, en selvas y bosques con vegetación abundante.

La comadreja hace su nido en árboles huecos y en los túneles construidos por otros animales. Es buena trepadora y muy activa durante la noche y también en el día. Sus presas favoritas son los agutis, los cuyes, ratones, ardillas y otros mamíferos pequeños y medianos y hasta se citan casos de Eiras persiguiendo venados matacanes. En su cacería pueden andar solas o en pequeños grupos, que demuestran una rapidez y agilidad increíbles. También le gustan los pollos y no desdeña comer insectos, miel y frutas, especialmente cambures. Es capaz de emitir una sustancia de olor rancio y desagradable y su baculum o hueso peniano es falsamente reputado como afrodisiaco, por lo que algunos incautos toman raspaduras del mismo con licor. Tiene de dos a cuatro crías.

Se la persigue por ser destructiva de sembradíos y gallineros. "La caza de la comadreja", escribe Eduardo Röhl, "no deja de ser difícil, pues cuando se siente perseguida por los perros, no huye en seguida, esperando que la hostiguen de cerca, para levantarse como una flecha y subir rápidamente a un árbol, emprendiendo la fuga de copa en copa hasta poder bajar a tierra a cierta distancia y pudiendo así escapar casi siempre, porque los perros permanecen generalmente al pie del árbol donde había subido, perdiéndose de vista, y aunque corran alrededor del árbol no pueden encontrar su huella, puesto que la comadreja sólo vuelve a bajar a tierra a considerable distancia".

HURON, ZORRO CAMACITO

Galictis vittata

El hurón, que se encuentra desde el sur de México hasta el Perú y el Brasil, en selvas y campos abiertos hasta los 1.200 metros de altitud, es más pequeño que la comadreja: mide de 47,5-55 cm, la cola tiene 16 cm de largo, y pesa entre 1.400 y 3.200 gramos. Corren, nadan y trepan con facilidad, pero pasan la mayoría del tiempo en el suelo, donde cazan de día y de noche. Es común ver varios hurones reunidos jugando. El hurón es un buen nadador, y al igual que los otros miembros de esta familia es capaz de emitir varias vocalizaciones diferentes. Sus madrigueras las hacen debajo de las raíces de los árboles, o en grietas en las rocas, o en túneles hechos por otros mamíferos pequeños, que son presas preferidas del hurón. Como la comadreja, mata cuanto animal se le ponga al alcance, más de los que necesita para comer. Sus glándulas anales se activan sólo cuando el animal llega al ápice de la excitación. Los hurones pueden domesticarse fácilmente, y en ocasiones se les conserva en las casas como enemigos de ratas y ratones.

El hurón es fácil de reconocer por la doble coloración de la piel; en el lomo, espalda y nuca es de color gris cenizo, delante de la nuca hay una clara línea blanca, que se extiende desde la frente hasta los lados del cuello; la cara, partes inferiores del cuerpo y las patas son negras.

MAPURITE o ZORRILLO

Conepatus semistriatus

El mapurite es abundante en toda la zona norte del país, en bosques, matorrales y sabanas de la zona tropical, hasta la subtropical, incluyendo los Andes y el Estado Zulia; no se le ha encontrado al sur del Orinoco. Es de color negro brillante o gris oscuro, con dos bandas blancas que salen de la frente y le recorren el lomo. La cola es también blanca, larga y muy poblada.

Lo que ha hecho famoso al mapurite es su capacidad de rociar con un líquido muy hediondo a sus enemigos, lo cual constituye su mejor arma de defensa. En realidad, todos los mustélidos tienen esta habilidad, aunque en grado menor. Cuando el animal tiene cuatro o cinco semanas, sus glándulas anales comienzan a producir una secreción que es inodora al principio; dos o tres semanas más tarde se vuelve hedionda. Al sentirse amenazado, al mapurite se da la vuelta y presenta el trasero a su enemigo, levanta la poblada cola, y rasguña o golpea el suelo con las patas delanteras. Si esta advertencia no basta para que el oponente se retire, el mapurite lanza un fuerte siseo con la boca abierta, volviendo la cabeza para ver a su enemigo, y exhibe su región anal. Si el enemigo no se retira al punto, el mapurite lo rociará, con extraordinaria precisión en la cara, a distancias de hasta cuatro metros.

La dirección y la distancia del rociado son establecidas por el mapurite sin moverse significativamente. Si dispara en línea recta, ambas glándulas anales producen la misma cantidad de fluido. Si dispara hacia un lado, las aperturas de ambas glándulas se dirigen hacia ese lado, y la que queda más cerca del oponente suelta un rocío más débil que la otra, de modo que ambos rociados convergen sobre el mismo blanco. Un autor ha escrito que el olor es semejante al que resultaría de mezclar ajo, bisulfuro de carbono, corcho, caucho y plumas o pelos quemados. El mapurite puede disparar hasta ocho veces en rápida secuencia su pestilente rociada. El líquido no hace daño en la piel, pero produce fuerte ardor en los ojos, y puede incluso causar ceguera temporal. Al lavar la piel, el olor desaparece. No así la ropa, de la cual es casi imposible eliminarlo.

Tiene el mapurite un andar lento y pesado. Se alimenta de diversos invertebrados y de pequeños vertebrados hasta del tamaño de un conejo. Pesca peces y crustáceos sacándolos del agua con sus garras delanteras, pues aunque sabe nadar, prefiere no meterse al agua. Devoran asimismo hormigas, termitas y abejas, orugas y sapos, e incluso culebras venenosas a cuyo veneno parecen inmunes. Sólo una cantidad muy concentrada de veneno resultaría fatal (de 50 a 75 mg por kilo de peso; un conejo moriría con una dosis de sólo 5 mg por kilo). Pero la dieta más importante del mapurite son los roedores, por lo cual desarrolla una actividad útil para el hombre, devorando ratas y ratones y otros roedores pequeños. Su actividad la desarrolla al atardecer y en la noche, pasando el día en cuevas sombreadas hechas por él mismo o por otros animales como cachicamos, llegándose a encontrar el caso de que comparte su cueva amigablemente con otras especies, como rabipelados. Tiene una gestación de aproximadamente 45 días, después de los cuales pare de 2 a 5 crías. Se diferencia este género *(Conepatus)* de los otros géneros de mapurites en que su nariz es desnuda, ancha y protruyente y tiene las uñas de las patas delanteras bastante desarrolladas en forma de garras.

NUTRIA o PERRO DE AGUA

Pteronura brasiliensis

Este bello animal es uno de los que está en grave peligro de extinguirse, debido a la implacable persecución de que ha sido objeto por causa de la excelente calidad de su piel. Hoy día es escaso en los ríos de bosques y selvas del territorio Amazonas, del delta del Orinoco y del Estado Bolívar, y en los llanos, desde Monagas a Barinas.

La nutria mide de 100 a 150 cm, la cola mide unos 70 cm y llega a pesar de 24 a 34 kg; es el mayor miembro de esta subfamilia (Lutrinae). La cola es casi completamente redonda en su base, pero se aplana claramente en las dos terceras partes restantes donde pueden observarse claramente las estrías. Habita los ríos de aguas tranquilas, desde Venezuela y Guyana hasta el Uruguay y la Argentina.

Las nutrias cazan desde el amanecer hasta el atardecer, en grupos de hasta veinte individuos. A veces "caminan" sobre el agua, levantando la parte superior del cuerpo fuera del agua; pueden tener un pez en la boca, y a menudo lanzan un fuerte grito. Si se les perturba, se hunden inmediatamente, para reaparecer luego gruñendo enfurecidas. Se alimentan de peces, pequeños mamíferos, aves acúaticas y huevos.

Poco se sabe de su reproducción; sólo que tienen una o dos crías en una madriguera entre los matorrales de la orilla, o bajo las raíces de los árboles. La nutria es juguetona; le gusta arrojar al aire el pez varias veces, y luego lo devora haciendo ruidos como gruñidos.

Actualmente el perro de agua en Venezuela sólo sobrevive en ciertas regiones muy remotas de los Llanos, Guayana y el Delta; allí siguen siendo cazados y la piel exportada ilegalmente, a pesar de que es un animal en peligro de extinción.

Familia PROCYONIDAE

ZORRO LAVAMANOS o ZORRO CANGREJERO

Procyon cancrivorus

Este curioso animal se halla ampliamente distribuido en bosques y selvas a orillas de ríos y quebradas de la zona tropical, al norte y al sur del Orinoco. Los Prociónidos, con cinco géneros y diecisiete especies, se hallan sólo en el Nuevo Mundo. Esta especie se distribuye desde Costa Rica y Panamá a través de la mayor parte de Sudamérica hasta el norte de la Argentina.

Contra la creencia general, este "zorro" no lava sus alimentos antes de comérselos, como lo han demostrado recientemente algunos científicos. El acto de lavar sólo lo realiza en cautiverio. Es un acto automático, proveniente de que su principal alimento son los cangrejos que saca de los ríos. El zorro cangrejero no persigue sus presas. Captura sus presas acuáticas con la mano bien abierta; en tierra, el zorro cangrejero mete las manos en grietas o debajo de las rocas, revolviendo la tierra, mirando a menudo en otra dirección mientras cava. Una vez que captura algo que puede ser comible, su cuerpo se enrigidece; acerca el objeto a la nariz y lo huele; entonces lo mastica cuidadosamente mostrando los dientes, o lo abandona si no le interesa. Los crustáceos pequeños los devora en su totalidad; los más grandes los aprisiona contra el suelo pisándoles las pinzas y se los come empezando por el trasero.

Tiene una coloración típica con un antifaz negro y la cola anillada, aunque no en forma tan marcada como la especie de Norteamérica. Camina y galopa con el lomo encorvado. Tiene una gestación de aproximadamente dos meses y puede parir de 1 a 7 crías. Es una animal bastante inteligente y la especie norteamericana ha aprendido a subsistir en la vecindad de las ciudades y zonas industriales con árboles suficientes.

ZORRO GUACHE, COATI

Nasua nasua

"Localmente distribuido", escribe Mondolfi, "con probablemente dos o tres subespecies, en selvas de las zonas tropical y subtropical del Territorio Amazonas y del Estado Bolívar, y con una subespecie en las selvas de la zona subtropical de la Cordillera de los Andes de Mérida y Táchira y en la Serranía de Perijá".

Es de cuerpo largo y delgado, con la cabeza alargada y puntiaguda; el hocico forma una trompa y la nariz alargada es móvil; tiene piernas cortas y fuertes y los pies anchos, con los cinco dedos unidos por una membrana. Es plantígrado. Es de hábitos nocturnos y diurnos, más diurnos que los otros miembros de la familia. Es ágil trepador.

Se alimenta de frutas, pájaros, huevos, insectos y hasta de moluscos y cangrejos de agua dulce. Cuando se le domestica es muy manso y juguetón. Deambula en tropillas de 5 hasta 40 ejemplares, aunque también se encuentran individuos solos, particularmente viejos. Cuando caminan en la selva mantienen la cola erecta verticalmente con la punta doblada. Estas tropillas se componen principalmente de hembras con sus crías. Su gestación dura unos 74 días, después de los cuales nacen de 2 a 7 crías, las cuales se integran a la manada alrededor de las cinco semanas, y llegan al tamaño adulto poco después del año de edad. Hay una especie de menor tamaño que el guache común, que es el zorro guache paramero (*Nasuella olivacea*), de cola más corta y cráneo más alargado y estrecho, que habita las selvas altas templadas y subtropicales en los Andes de Mérida y Táchira y la Sierra de Perijá. También se encuentra en los bosques altos andinos de Colombia y Ecuador.

CUCHICUCHI

Potos flavus

Cuando se llevaron los primeros ejemplares de este bello animalito a Europa, causaron sensación entre los científicos. Debido a sus grandes ojos salientes, muchos pensaron que se trataba de un lémur; otros creyeron que era una especie intermedia entre los monos y los carnívoros. Fue Humboldt quien dio por primera vez datos precisos sobre este curioso animalito.

El cuchicuchi tiene el cuerpo alargado y pesado, las piernas son cortas y la cola es muy larga y enroscada. La cabeza es corta y abultada, de orejas pequeñas y ojos muy grandes. Los dedos, unidos por una membrana hasta la mitad de su extensión, presentan garras fuertes; la planta de los pies es desnuda. Mide unos 40 cm de largo; la cola tiene unos 45 cm. El color de la piel corta es de un amarillo dorado aterciopelado. Las zonas inferiores son más claras; el color se hace más oscuro en la cara externa de las orejas y en la punta de la cola. Se alimenta de pequeños mamíferos y de aves y huevos, insectos y frutas. Le encanta la miel, que extrae con su larga lengua protáctil, por lo que a veces lo llaman "oso melero".

Se deja domar fácilmente, y se vuelve muy afectuoso con sus amos.

Es un animal eminentemente arborícola; durante el día duerme en oquedades de los árboles y sale de noche, solo o en parejas o en pequeños grupos con una jerarquía bien definida. Tiene una gestación de poco menos de cuatro meses y pare una sola cría (raramente dos). La madre lo transporta sujeto por el cuello y el cachorro ya es independiente a los cuatro meses de edad.

Familia URSIDAE

OSO FRONTINO

Tremarctos ornatus

Este es el único oso que existe en Sudamérica, restringido a las regiones altas de los Andes. También está en peligro de extinción.

Mondolfi escribe: "Escaso y localmente distribuido en selvas de los pisos templados y subtropical (descendiendo ocasionalmente hasta la faja tropical) en el occidente de Venezuela (Andes del Táchira, Mérida, Trujillo, y la parte meridional de Lara) hasta la parte montañosa del norte de Aparición y Ospino, Estado Portuguesa".

La piel es larga y espesa, de un color negro profundo, menos el hocico que es pardo claro. Generalmente tiene un círculo blanco alrededor de los ojos, por lo que en Perú y Bolivia se le llama "oso de anteojos". Pero las manchas blancas de la cara varían mucho.

Es un animal de formas pesadas, de piernas cortas y rechonchas; caminan con toda la planta del pie como todos los osos, por lo que se les llama plantígrados.

El sabio Adolfo Ernst, quien describió por primera vez esta especie en Venezuela, afirma haber medido una piel de 180 cm de largo por 110 cm de ancho, lo que implicaría un animal de gran corpulencia. El largo normal del salvaje es de 1,2-1,4 m con una altura en los hombros de hasta 80 cm y un peso de 130 kg en los machos y 60 kg las hembras. Es eminentemente vegetariano, más que las otras especies de osos; muy buen trepador, sube a los árboles en búsqueda de frutas, nueces y brotes. Parece que hace nidos con ramas para pasar la noche y vive solo o en pequeños grupos familiares. Tiene una gestación de 8-8,5 meses y pare unos tres oseznos. El salvaje sólo subsiste en regiones muy remotas y ha sufrido mucho por las alteraciones del habitat (deforestaciones y quemas) y por la cacería, ya que es buscado por los campesinos por su carne y grasa a las cuales le atribuyen cualidades especiales; especialmente esta última la consideran medicinal.

Familia CANIDAE

PERRO MUCUCHIES

Canis (Canis) familiaris

Sólo dos perros son auténticamente americanos, pues existían desde antes de que los conquistadores españoles introdujeran la especie. Se trata del chihuahua y del xolotlzcuintle, ambos de México. A fines del siglo XVIII o comienzos del XIX se introdujo en Venezuela el mastín de los Pirineos que rápidamente adoptó características especiales. Se le conoce con el nombre de *perro mucuchíes* por el sitio del Estado Mérida donde se desarrolló la nueva raza que aún hoy día persiste, aunque su pureza se ha ido perdiendo. Originalmente el mucuchíes era negro en su parte inferior, con el lomo absolutamente blanco, lo que le valió el nombre de "nevado" al perro que un señor Pino, de Mucuchíes, obsequió al Libertador. Pero la coloración varía mucho.

Es un perro fuerte, de gran simetría y gran belleza. Mide unos 80 cm en la cruz, y pesa unos 70 kilos. En Mérida se dice que este perro carece de olfato, por lo que puede atacar a su propio dueño en la obscuridad. Pero es posible que sea otra de tantas leyendas que se atribuyen a los animales.

Otro perro americano es el *Dogo argentino,* logrado a través de numerosos cruces científicamente realizados hacia 1927.

ZORRO

Canis (Cerdocyon) thous

Los carnívoros de tipo canino aparecieron en Sudamérica a fines del Terciario, cuando ocuparon el nicho hasta entonces retenido por los marsupiales carnívoros. Hubo al menos dos olas migratorias hacia Sudamérica. Primero llegaron los perros de monte o grulleros, y los zorros llegaron luego. Hoy día existen seis géneros y unas once especies.

El zorro nuestro se parece mucho a los verdaderos zorros de los países templados. El lomo y los lados del cuerpo son grises con rayas negras a través del medio. La parte superior de la cabeza es también gris. Las patas son generalmente oscuras en la parte superior y a veces de color claro. La región entre las mandíbulas va de gris a negro, y se aclara en la garganta. La parte superior de la cola tiene rayas negras y la punta es negra. El cráneo se amplía detrás de los ojos y ofrece una alta frente. La coloración del pelaje varía entre los individuos. El "zorro cangrejero" (así llamado porque el primer espécimen que se encontró tenía un cangrejo en el estómago) ocurre en las regiones selváticas desde Colombia y Venezuela hasta el sur del Brasil, el sur de Bolivia, Paraguay, al norte de la Argentina y el Uruguay. Se alimenta de pequeños vertebrados (sobre todo ratas y ratones), insectos y varias frutas. Llevan una vida solitaria o en parejas; son de hábitos preferiblemente nocturnos y generalmente pasan el día en madrigueras hechas por otros animales. En Venezuela se descubrió que pueden transmitir la rabia.

El zorro mide unos 70 cm y la cola unos 30 cm. La especie es muy común en Venezuela y vive preferiblemente en bosques abiertos y sabanas herbosas con árboles y matorrales. Tiene una camada de dos a cinco cachorros.

Zorros *Canis (Cerdocyon) thous*

PERRO DE MONTE o GRULLERO

Speothos venaticus

El perro de monte o grullero más parece un perro doméstico de patas cortas que un cánido salvaje. El cuerpo es compacto, de trompa corta y patas muy cortas. Tiene sólo treinta y ocho dientes, con la fórmula $\frac{3}{3}, \frac{1}{1}, \frac{4}{4}, \frac{1}{2}$. El lomo y los lados son marrón rojizo, al paso que la cabeza y el cuello son amarillentos. La trompa, la región intermaxilar, y los miembros son marrones oscuros, y la cola es marrón o negruzca. Los perros de monte están distribuidos en selvas y estepas boscosas desde Panamá y Colombia Oriental hasta Guyana, el Brasil, Paraguay, Perú Oriental, o norte de Bolivia.

Los perros de monte cazan en manada, tanto de día como de noche. Se han visto manadas atacando dantas de gran tamaño, que no logran escapar echándose al agua, pues los perros son excelentes nadadores. También son buenos excavadores. A menudo pasan el día en madrigueras de cachicamos abandonadas. Como todos los cánidos silvestres, marcan su territorio con orina y substancias glandulares. Para marcar su territorio, las hembras se paran en las patas delanteras y orinan. Después dejan resbalar las patas traseras hacia abajo. El macho levanta la pata a un ángulo de 90º y orina, como los perros domésticos.

Según Mondolfi, es "raro y muy localmente distribuido en las selvas de la zona tropical en el territorio Amazonas (río Negro y Alto Orinoco), en el Estado Bolívar (la Gran Sabana) y en la Cordillera de la Costa (San Esteban, Estado Carabobo y El Guapo, Estado Miranda)". El perro de monte está en peligro de extinción y es una especie que es muy escasa dentro de su amplia zona de distribución.

Familia FELIDAE

PUMA

Felis (Puma) concolor

El puma tiene más o menos el tamaño de un leopardo (hasta 1,3 m sin cola). Originalmente su distribución abarcaba todo el hemisferio occidental. La cabeza es redonda y pequeña, el cuerpo es delgado y largo, la cola es redonda, mide unos 80 cm; los ojos marrones, con pupilas circulares; tiene treinta dientes y su número cromosómico es $2n = 38$. El color del pelaje varía mucho, aunque predominan los matices rojizo y marrón. Existen algunos pumas oscuros, casi negros. Al nacer, después de una gestación de noventa días, los pumas tienen manchas negras y orejas negras. Al llegar a la edad adulta, las manchas desaparecen, reteniendo sólo la punta negra de la cola y el color negro encima de los ojos. Las orejas se vuelven gris-negruzcas.

Los pumas han desaparecido de muchas partes del continente, debido a la implacable persecución de que son objeto por parte de los ganaderos, quienes los acusan de depredar sus rebaños. En realidad, el puma es animal útil, pues ayuda a mantener el equilibrio ecológico, ya que ataca a animales viejos, débiles o enfermos, permitiendo que sólo los mejores ejemplares permanezcan vivos y se reproduzcan.

Los pumas se adaptan a todos los climas y ambientes con gran facilidad; de ahí lo amplio de su dispersión, la cual alcanza desde Canadá hasta Patagonia y habita tanto en las selvas de alta montaña como en las selvas cálidas y húmedas. Son muy hábiles en el salto, logrando saltos de hasta siete metros de altura sin tomar impulso. Corren rápidamente los primeros cien metros, pero se fatigan pronto. Son solitarios y mantienen bien delimitados grandes territorios para cada uno. Pero, curiosamente, no defienden su territorio. Prefieren evitar una confrontación con otro ejemplar intruso.

YAGUAR o TIGRE

Felis onca

El yaguar o tigre es el mayor de los felinos en Venezuela, pues mide más de dos metros de largo, incluyendo la cola de 65 cm. Como el puma, se adapta fácilmente a diversos climas, por lo que se le encuentra desde las selvas húmedas y templadas hasta las selvas cálidas surcadas por ríos y caños. Como no son muy buenos trepadores, debido a su corpulencia, prefieren cazar en el suelo. Su dieta incluye roedores desde el ratón hasta la danta, venado, monos, perezas, agutís, aves, caimanes, tortugas y sus huevos, ranas y peces. La presa muerta es arrastrada hasta un sitio seguro donde la devora; como el leopardo, los jaguares son capaces de extraordinarias hazañas en cuanto a cargar su presa. Una vez un jaguar arrastró un caballo 80 metros hasta un río, y luego cruzó el río con su presa.

Generalmente los yaguares se mantienen en territorios bien definidos, cuyo tamaño depende de la abundancia de caza. Machos y hembras se mantienen juntos sólo durante la época del celo. Después de una gestación de 93-110 días la hembra da a luz de dos a cuatro crías. Al nacer, pesan entre 700 y 900 gramos y son ciegos. Abren los ojos después de trece días. Los cachorros cazan por dos años con su madre, y alcanzan su madurez sexual a los tres años.

El nombre correcto de este hermoso felino es yaguar. La pronunciación "jaguar" se debe a pronunciar en castellano la grafía inglesa. Pero yaguar es el nombre que le dan los indios del Orinoco y del Amazonas, de donde esta subespecie es endémica. Esta especie ha sido y sigue siendo terriblemente perseguida por el comercio ilegal que se realiza con su piel, además de la fama que tiene como depredador de rebaños vacunos, lo cual ocurre en las áreas en que se han eliminado o disminuido sus presas naturales y es en realidad una conducta anormal del tigre. Muchas más reses son muertas cada año por otras causas, pero lamentablemente, aún el matar un tigre se considera un acto de machismo. Este felino, al igual que los otros carnívoros silvestres, actúa como policía sanitaria en las poblaciones de las especies que constituyen sus presas.

CUNAGUARO; MANIGORDO u OCELOTE

Felis (Leopardus) pardalis

El cunaguaro es de tamaño inferior al yaguar, ya que alcanza sólo 120 cm de largo, incluyendo la cola de unos 40 cm. El cuerpo, de fondo amarillo gris o rojizo, está cubierto de manchas alargadas y oscuras que forman líneas oblicuas. La belleza de su piel ha sido causa de que se le persiga implacablemente, y esté en peligro. A pesar de sus depredaciones en gallineros de las haciendas y conucos cercanos al bosque, debe protegérsele, pues es animal de gran belleza y buen depredador de roedores. De día duerme en lo más intrincado de los bosques, y de noche caza. Es un excelente trepador de árboles y buen nadador.

Los cunaguaros pueden vivir en parejas, cazando juntos y manteniendo contacto por medio de rugidos. Después de una gestación de unos 70 días, la hembra pare de dos a cuatro crías. El manigordo es el más grande de los ocelotes y de distribución más amplia, desde el sur de Estados Unidos hasta el norte de Perú, Brasil y Paraguay; prefiere las selvas de la zona tropical.

TIGRITO o GATO DE MONTE

Felis (Leopardus) tigrina

El tigrito mide de 40-55 cm con una cola de 25 a 40 cm y es fácilmente domesticable. El pelaje es suave y de color predominantemente rojo-pardo; en los costados es más claro y casi blanco en las zonas inferiores. Tiene el cuerpo cubierto de manchas negras ovaladas. Las orejas son negras con una pequeña mancha blanca. Como sucede con el leopardo, hay muchos gatos de monte completamente negros.

Los tigritos son buenos trepadores y se alimentan de pequeños mamíferos, pájaros, lagartos e insectos grandes. El período de celo en las hembras dura varios días. Después de un período de gestación de 74 días, la hembra da a luz una o dos crías. Se han hecho experimentos cruzando el gato de monte con gatas domésticas, con resultados muy interesantes en los híbridos resultantes en cuanto a coloración especialmente. El tigrito es el más pequeño de los ocelotes y parece también ser buen trepador aunque no tan ágil como el margay. En Venezuela se le ha encontrado en los bosques y selvas tropicales del Estado Bolívar y territorio Amazonas y en las selvas nubladas subtropicales y templadas de la Cordillera de la Costa y Los Andes.

MARGAY o TIGRITO

Felis (Leopardus) wiedi

El margay o tigrito se parece mucho al ocelote pero es de menor tamaño (45-70 cm de largo, con una cola de 35-50 cm de largo), pero la cabeza es más corta y redondeada. Los ojos son muy grandes y tienen un color marrón obscuro, y están ubicados más hacia el frente que en el ocelote. La cola del margay es más larga, y no disminuye de espesor en la punta. Las manchas negras en la parte superior de la cola son más anchas que las bandas claras intermedias. La punta de la cola parece negra, pero en la pura punta tiene pequeños manojos de pelos. El margay tiene un área de distribución que va desde México hasta el sur del Brasil.

El margay es un animal puramente selvático. Tiene una tremenda habilidad para desplazarse por los árboles. Trepa como un mono y es tan ágil para trepar como el leopardo. A diferencia de otros félidos, no baja "en reversa", sino que como una ardilla baja con la cabeza hacia abajo con tremenda rapidez. Se deja caer desde grandes alturas abriendo lateralmente las patas, sin sufrir el menor daño en su caída. Esto se debe, quizá, a la movilidad de los huesos metatarsales y a la anchura de las patas, que son bien acolchadas.

Es muy poco lo que se sabe de su vida en estado salvaje. Sólo que las hembras paren de uno a dos cachorros cada año, los cuales son de color más obscuro que los adultos. Las manchas negras carecen de núcleo claro como en otros félidos. En cautividad han logrado vivir más de trece años.

En Venezuela, según Mondolfi, se le halla "localmente distribuido en selvas de la zona tropical en el Territorio Amazonas y en el Estado Bolívar; al norte del Orinoco, vive en las selvas montanas de la zona subtropical de la Cordillera de la Costa".

ONZA o GATO CERVANTES

Felis (Herpailurus) yagouaroundi

Debido a su cuerpo alargado de patas cortas y a sus orejas pequeñas y redondas, y su larga cola, el gato cervantes u onza más se asemeja a un mustélido que a un felino. Los ojos son marrones, y la pupilas forman círculos tan pequeños que apenas son puntos. Su número cromosómico es $2n = 38$, como en los felinos del Viejo Mundo. Tiene 30 dientes. El pelaje es corto, suave, y sin manchas, y es a veces más claro en las partes inferiores que en el lomo. Existen ejemplares completamente negros con un fino brillo perlado; los hay marrones y grises con un brillo semejante, e inclusive individuos uniformemente rojizos como zorros, con todas las posibles transiciones de matiz.

Las onzas viven en los bordes de los bosques o matorrales espesos, en tierra caliente. Raramente se les encuentra en los bosques o en campo abierto. Viven en el suelo, y son buenos nadadores, aunque no tan buenos trepadores. A pesar de su naturaleza vivaz no son particularmente agresivos. Es tradición entre los indios que, antes de llegar los conquistadores españoles, las onzas eran domesticadas y se les mantenía en las casas como hacemos nosotros con nuestros gatos domésticos, para controlar los roedores. Las onzas son típicamente solitarias, y viven en parejas sólo durante el celo. Tienen un período de gestación de 63 a 70 días, y paren de dos a cuatro crías dos veces al año. Sus hábitos son tanto diurnos como nocturnos y predan sobre aves y pequeños mamíferos de diferentes especies.

SIRENIDOS

Los marineros antiguos identificaron —increíblemente— a estos mamíferos acuáticos con las sirenas, de donde les viene el nombre. Todo se debió, probablemente, a las mamas que las hembras exhiben, bastantes parecidas a las de una mujer. Junto con los cetáceos, son los únicos mamíferos de origen terrestre que regresaron definitivamente al medio acuático. Existen cuatro especies de sirénidos: dos en la región afroasiática, y dos en la región americana, en zonas costaneras tropicales de poca profundidad, y en los ríos de corrientes tranquilas. Sin embargo, los dos órdenes no están emparentados. Los cetáceos son de origen carnívoro, al paso que los sirénidos son de origen ungulado y costumbres herbívoras. Los fósiles de sirénidos que se han hallado demuestran que tienen un origen común con los elefantes actuales.

Los sirénidos tienen miembros anteriores a modo de remos, y no tienen miembros posteriores. La cola se ha modificado hasta hacerse una aleta caudal aplanada, como en los cetáceos. Tienen sus crías debajo del agua, como las ballenas. Durante los siguientes 45 minutos, la cría recién nacida permanece sobre el lomo de su madre. Durante las dos horas siguientes la madre la sumerge gradualmente hasta que se pone a nadar junto con ella. El período de gestación dura entre 11 y 12 meses. Al nacer, la cría pesa unos 20 kg y al llegar al estado adulto puede pesar hasta media tonelada, y medir hasta tres metros de largo. Su visión es débil; se cree que tienen buen oído aunque carecen de oído externo. Las narices son a modo de válvulas. El cráneo es grande, pero el cerebro es reducido, lo que los hace torpes y muy poco inteligentes. Son animales inofensivos y no tienen más enemigo que el hombre que los destruye por placer, o accidentalmente con las hélices de sus rápidos botes, o los extermina para aprovechar su carne. Lamentablemente su extinción puede ocurrir antes de que se conozcan sus hábitos y la forma de aprovechar este animal en forma racional, ya que es muy útil para controlar el exceso de vegetación acuática.

SIRENIA	DUGONGIDAE	Dugong o Vaca Marina	1 especie
	*TRICHECHIDAE	Manatíes	3 especies

Especies Venezolanas

Orden SIRENIA
Familia TRICHECHIDAE

Trichechus inunguis	Manatí; Pez buey
T. manatus	Manatí, Novillo de agua

Manatí *(Trichechus manatus)*

Familia TRICHECHIDAE

MANATI

Trichechus manatus

En Venezuela existen las dos especies de manatíes americanos: *Trichechus manatus,* que habita las zonas ribereñas costeras y el lago de Maracaibo, y *Trichechus inunguis* que es exclusivamente dulceacuícola y habita el Orinoco y sus afluentes en tierra adentro.

Trichechus manatus, como los otros manatíes, es totalmente indefenso. Sin embargo, en Venezuela se le ha perseguido hasta ponerlo en peligro de extinción, debido al buen sabor de su carne (parecido a la del cerdo), a su grasa abundante, muy usada en la cocina por ser inodora e incolora, y a su fuerte y gruesa piel de la que hacen tiras para fabricar látigos, correas, etcétera.

Su gran capacidad alimenticia (puede devorar hasta 30 kilos de plantas diariamente), lo hace muy útil para controlar el exceso de plantas acuáticas que pueden llegar a bloquear ríos y caños. En los Everglades de la Florida son especialmente cuidados por esta razón. Es uno de los pocos animales que se alimenta, además, no sólo de sus propias materias fecales, sino de las de otros animales, sin que sufra el menor daño; es además, muy resistente a la polución acuática.

Las parejas de manatíes parecen que establecen lazos o nexos familiares de por vida y las madres dedican mucho tiempo al cuidado de su pequeño, el cual nace después de una gestación de alrededor de un año. El manatí es el único mamífero capaz de aprovechar grandes masas de plantas acuáticas y transformarlas en carne. Hoy en día es sumamente escaso en toda su área de distribución, la cual en la especie *Trichechus manatus* abarca desde el sur de Estados Unidos, la costa del mar Caribe y la costa nororiental de Suramérica, y en *Trichechus inunguis* abarca toda la cuenca de los ríos Orinoco y Amazonas.

PERISODACTILOS

Parecería que los rinocerontes, que tienen tres dedos, los caballos que tienen sólo uno, y los tapires, con tres dedos en las patas traseras, y cuatro en las delanteras pertenecieran a órdenes diferentes. Sin embargo, todos están relacionados y constituyen el orden Perissodactyla. Richard Owen (1804-1892), anatomista y zoólogo inglés, fue quien descubrió la relación entre estas especies y acuñó el término "ungulados de dedos impares" (Perissodactyla) para describirlas como pertenecientes a un solo grupo. En efecto, en este orden los animales dejan caer todo el peso de su cuerpo en los dedos centrales de sus miembros, al paso que en los "ungulados de dos pares", como los toros, los cerdos y las cabras, el peso recae sobre el tercero y cuarto dedo. Esto es de gran importancia desde el punto de vista filogenético y taxonómico.

Los Perisodáctilos incluyen animales de tamaño mediano hasta muy grande. El tercero de los dedos es el más largo (en los caballos es el único funcional). Todos tienen cascos y carecen de clavícula, lo cual explica la gran velocidad que pueden desarrollar en la carrera. Los dientes caninos, si existen, son pequeños. Los molares tienen coronas estriadas. El cráneo es generalmente alargado y se caracteriza por un arreglo específico de aberturas a través de las cuales los nervios y los vasos sanguíneos tienen acceso al cerebro. Todos son buenos corredores (especialmente los equinos); son herbívoros; el estómago es de estructura simple y carecen de vesícula biliar. La madurez sexual la adquieren entre los cuatro y los seis años, y la expectativa vital puede superar a los 40 años en algunos rinocerontes, y es un poco menor en los tapires y en la mayoría de los equinos. En el Terciario inferior había al menos quince familias de perisodáctilos, al paso que hoy día sólo quedan las familias de los caballos, de los tapires y de los rinocerontes, restringidas a Centroamérica, norte de Sudamérica (hasta el sur del Brasil), este y sur de Africa, centro y sur de Asia, excepto la India, y la parte sudoriental de Asia.

La mayoría de las especies de este grupo están en vías de extinción (excepto los caballos).

Orden	Familia	Especies
PERISSODACTYLA	*EQUIDAE (Caballos, Asnos, Zebras)	7 especies
	*TAPIRIDAE (Tapires)	4 especies
	RHINOCERONTIDAE (Rinocerontes)	5 especies

Especies Venezolanas

Superorden MESAXONIA
Orden PERISSODACTYLA
Suborden HIPPOMORPHA
Superfamilia EQUOIDEA
Familia EQUIDAE

Equus (Equus) asinus	Burro (introducido)
E. (E.) caballus	Caballo (introducido)

Suborden CERATOMORPHA
Familia TAPIRIDAE

Tapirus terrestris	Danta; Tapir

Tapir *(Tapirus terrestris)*

Familia TAPIRIDAE

DANTA o TAPIR

Tapirus terrestris

El tapir es, realmente, una reliquia preshistórica. En Venezuela existe la especie *Tapirus terrestris,* aunque es posible que en el Táchira se encuentre la especie colombiana *Tapirus pinchaque,* que se diferencia de la anterior por ser de menor tamaño, más grácil, y cubierta de largos pelos que la defienden de los intensos fríos nocturnales de su habitat andino.

Eduardo Röhl ha descrito adecuadamente la especie venezolana: "Su cuerpo es grande y de estructura pesada, de cerca de 2 metros de largo, y aparenta una especie intermedia entre los elefantes y los cerdos. Los pies son robustos, con cuatro dedos anchos en las extremidades anteriores y tres en las posteriores, y provistos de casquillos propios para escalar los terrenos inclinados de las montañas. La cabeza es prolongada, en forma triangular y el labio superior muy desarrollado, alargado a manera de trompa corta, colgante sobre el labio inferior y muy movediza. La cola es nula, terminando en una especie de muñón.

"Su coloración es negruzca y su piel, la que le protege muy bien contra el frío y para atravesar velozmente las asperezas de la selva, es sumamente gruesa, resistente y cubierta de escasas cerdas cortas y ásperas. La crin es alta como la de un burro y cubierta de tupidas y fuertes cerdas; la alzada es alta. La cara menos oscura que el resto del cuerpo; las orejas son rectas, cortas, anchas y bordeadas de blanco, los ojos son pequeños y oblicuos."

Su habitat son las selvas intricadas desde las más cálidas hasta las templadas. Son buenos nadadores. Se alimentan de plantas y frutas exclusivamente. Su mayor enemigo natural es el yaguar, que le salta sobre el lomo e hinca sus garras en la gruesa piel. La danta entonces huye a gran velocidad por entre la maleza, haciendo que el yaguar se golpee fuertemente contra las ramas bajas, con lo que desiste de su intento y queda por tierra, generalmente maltrecho.

Los indios aprecian su carne, aunque es dura y musculosa. Pero esta cacería no constituye peligro de extinción para la especie. El peligro radica en los cazadores que le dan muerte por deporte, lo cual es un crimen, si se considera que este mamífero es totalmente inofensivo, y puede ser incluso domesticado. Los inmigrantes alemanes en el Brasil, en Santa Catarina, lograron domesticar varios especímenes, y los usaban hasta como animales de tiro para sus arados.

La hembra da a luz una sola cría, pero no tiene época especial de celo. En cautiverio se reproduce muy bien, y logra vivir más de treinta años. No se sabe nada de su expectativa vital en estado salvaje. La cría de la danta nace después de una gestación de aproximadamente un año, completamente cubierta de manchitas blancas las cuales van desapareciendo a los cinco meses de edad.

Las dantas habitan zonas circunscritas de selva, en las cuales abren caminos limpios y espaciosos, parecidos a las sendas humanas. La danta aún es común en las selvas poco frecuentadas por el hombre, al sur del Orinoco; no así en las selvas del piedemonte andino y de la costa y en otras selvas como San Camilo y Ticoporo donde son infrecuentes por efecto de la cacería y la tala; esta última es muy perniciosa para especies que, como la danta, sólo viven en selvas vírgenes y no se adaptan a selvas de sustitución o a zonas deforestadas.

Venado caramerudo *(Odocoileus virginianus)*

ARTIODACTILOS

A diferencia de los Perisodáctilos, los Artiodáctilos tienen la pata dividida en dos cascos que representan el tercero y cuarto dedo muy desarrollados. El primer dedo es inexistente. Varían de tamaño grandemente, desde el "mouse deer", un venado muy pequeño, de 40 cm, hasta la jirafa, que llega a los cuatro metros. El peso va desde los dos kilos en la primera especie hasta más de tres toneladas en el hipopotámo. También la forma del cuerpo es muy variada.

Todos tienen glándulas en la piel que juegan un importante papel en las relaciones intraespecíficas de muchas especies, por ejemplo para marcar el territorio, para la cohesión de grupos coespecíficos, y para atraer los miembros del sexo opuesto. Tienen generalmente de dos a cuatro mamas; sólo los cerdos (familia Suidae) tienen de seis a doce tetas. Sus armas son predominante o exclusivamente usadas en conflictos intraespecíficos (entre la misma especie). Algunos tienen alargados dientes caninos, como en los cerdos y camellos; otros tienen cornamenta ramificada como en los ciervos, o simple como en el ganado. El cráneo y la dentadura varían grandemente. Los Artiodáctilos caminan en las puntas de los dedos. No tienen clavícula. El cerebro es rico en circunvoluciones. Los ojos son a menudo grandes y especialmente adaptados para observar el movimiento. Muchas especies tienen evidentemente visión de color. Las orejas largas son muy móviles, y el sentido auditivo va de bueno a muy bueno. Los órganos olfativos están bien desarrollados. El útero es doble. El período de gestación varía de cuatro a quince y medio meses. Las hembras pueden producir, según la especie, de una a doce crías.

ARTIODACTYLA

*SUIDAE (Cerdos, Jabalíes)	8 especies
*TAYASSUIDAE (Báquiros)	2 especies
HIPPOPOTAMIDAE (Hipopótamos)	2 especies
CAMELIDAE (Camellos, Llamas)	6 especies
TRAGULIDAE (Trágulos)	4 especies
*CERVIDAE (Ciervos, Venados)	41 especies
GIRAFFIDAE (Girafas y Okapis)	2 especies
ANTILOCAPRIDAE (Antílope americano)	1 especie
*BOVIDAE (Ganado, Antílopes, Duidkers, Gacelas, Cabras y Ovejas)	128 especies

Especies Venezolanas

Orden ARTIODACTYLA
Suborden SUIFORMES
Infraorden SUINA
Superfamilia SUOIDEA
Familia SUIDAE

Sus scrofa domestica	Cochino (introducido)

Familia TAYASSUIDAE

Tayassu pecari	Báquiro; Cochino de Monte; Cochino Bravo; Báquiro Cachete Blanco; Pinque
Dicotyles tajacu	Báquira de Collar; Chácharo

Suborden RUMINANTIA
Infraorden PECORA
Superfamilia CERVOIDEA
Familia CERVIDAE
Subfamilia ODOCOILEINAE
Tribu ODOCOILEINI

Odocoileus virginianus	Venado caramerudo
Mazama americana	Venado Matacán; Venado locho
M. gouazoubira	Matacán; Cariaquito
M. rufina	Venado Matacán Andino; Candelillo

Superfamilia BOVOIDEA
Familia BOVIDAE
Subfamilia BOVINAE
Tribu BOVINI

Bos taurus	Ganado Criollo (introducido)
B. indicus	Ganado Cebú (introducido)

Subfamilia CAPRINAE

Capra aegagrus hircus	Cabra; Chivo (introducido)
Ovis ammon aries	Oveja (introducido)

Familia TAYASSUIDAE

BAQUIRO o PINQUE BAQUIRO CARETO, COCHINO BRAVO o BAQUIRO CACHETE BLANCO

Tayassu pecari

Existen en Venezuela dos especies de báquiro: el *Tayassu pecari* y el *Dicotyles tajacu,* llamado también báquiro o cháchero. La primera se extiende en su distribución desde el sur de México hasta Paraguay. Son en su mayor parte herbívoros, aunque pueden devorar también pequeños animales y frutas.

Tayassu pecari mide cerca de 1,2 m de largo por unos 55 cm de alto. Tiene cuatro dedos en las patas delanteras y tres en las traseras. En la parte posterior del cuerpo, cerca del anca, tiene una glándula almizclera, la cual segrega una substancia aceitosa y de un olor especial, la cual se cree que sirve para mantener unida a la manada. Antes se creía que esta glándula era el ombligo del báquiro.

"El cuerpo es arqueado y cubierto de abundantes pelos cerdosos de colorido general gris-pardo, los que puede erguir a lo largo del lomo cuando se halla irritado. La cabeza es cónica y fuerte, el hocico con un reborde superior, terminando en un disco circular y muy movible, y propio para hozar y romper la tierra. Las orejas son ovaladas y cortas", escribe Eduardo Röhl.

Cuando se enfurece, comienza a chasquear rápidamente los dientes produciendo un fuerte ruido. Los báquiros andan siempre en manada. Es fama que al cazarlos debe matarse sólo al que va atrás, pues si uno de la delantera es herido, todos se vuelven contra el atacante. Si éste se refugia trepando en un árbol, toda la manada se reúne en torno al árbol y comienza a derribarlo con sus fuerte colmillos. Sin embargo, es mucho lo que se ha exagerado sobre su fiereza y son animales que huyen ante el olor o la vista del hombre si no se les molesta.

Su carne, menos grasosa que la del cerdo, es realmente deliciosa, por lo que es un animal vorazmente perseguido y en peligro de extinción.

El careto prefiere las zonas selváticas donde deambula en grandes manadas hasta de 500-100 ejemplares, las cuales hacen un ruido singular. Al igual que la danta, es un habitante de selva primaria.

BAQUIRO DE COLLAR o CHACHARO

Dicotyles tajacu

"Ampliamente distribuido y relativamente común en gran parte de las selvas de la zona tropical; y ocasional en la subtropical de la Cordillera de la Costa", escribe Mondolfi. Más pequeña que la especie anterior, se diferencia de ella, además, por una banda blanquecina alrededor del cuello. El color del pelaje es canoso blanco y negro; en la parte anterior del lomo y encima del cuello, el pelaje es más desarrollado, formando una pequeña crin erguida. Llega a medir unos 90 cm y tiene 45 cm de alto.

Al igual que la especie anterior, es domesticable fácilmente y es muy cariñosa con sus amos. Además, las dos especies se pueden cruzar.

El chácharo es más fuerte que el báquiro careto y habita, además de las selvas, las sabanas arboladas y con selvas de galería, donde deambula en pequeñas manadas con individuos de diferentes sexos y edades. Su alimentación es variada e incluye tubérculos, bulbos, hojas, brotes y frutas, los cuales son localizados más por el olfato que por la vista, la cual es menos sensible. Las crías son de color rojizo, con una raya negra en el lomo y nacen después de una gestación de unos cinco meses. Su distribución abarca desde el sur de los Estados Unidos hasta la Patagonia.

Familia CERVIDAE

VENADO CARAMERUDO

Odocoileus virginianus

Los Cérvidos están representados en Venezuela por dos géneros con varias especies: *Odocoileus* y *Mazama.* El primero incluye los llamados "venados caramerudos", que se encuentran en todo el país. La subespecie *Odocoileus virginianus gymnotis,* que es la común, habita en toda la zona tropical del país prefiriendo las sabanas cálidas arboladas o abiertas y el caramerudo andino, *O. virginianus columbicus,* habita los bosques achaparrados en los páramos de Mérida. Es un animal de muy hermosa estampa, de grandes cuernos, con unos 80 cm de altura en la cruz. Su pelaje es algo rubio pasando a blanco puro en el vientre bajo. Como todos los cérvidos, las crías tienen un pelaje moteado de blanco, manchas que luego desaparecen. La cornamenta del macho está dirigida hacia la línea media de la cabeza, con una a tres puntas posteriores, y la muda todos los años. El número de puntas no significan el número de años, ya que esto depende de ciertas condiciones individuales y de la alimentación o el clima.

Se le persigue de manera inclemente, debido a la excelente calidad de su carne, por lo que se ha extinguido en muchas regiones. A pesar de la estricta veda impuesta por el Gobierno, los cazadores furtivos abundan y ocasionan depredaciones sin cuento en la ya escasa población de estos bellos venados.

Una característica de la especie es su blanca cola que ondea mientras corre como tremolando una bandera blanca. Su alimentación básica la constituyen leguminosas, matorrales y arbustos y en menos grado hierbas y pastos. Su gestación dura unos siete meses y las venadas, después del parto, se preñan rápidamente y son muy productivas. Con una protección adecuada esta especie sería muy abundante en nuestro Llano.

VENADO MATACAN

Mazama americana

En los matacanes, la cornamenta no está ramificada y consiste de cuernos cortos. El matacán rojizo tiene una brillante piel que va del amarillo-rojizo al rojo zorro en el lomo. Vive en los bosques al norte y sur de Venezuela. Otra especie, *Mazama gouazoubira,* o matacán gris, vive en Falcón y Zulia, al paso que la subespecie *Mazama gouazoubira nemorivaga* se encuentra en las selvas del Amazonas y del Estado Bolívar. *Mazama rufina,* por contraste, habita el piso subtropical y templado de las zonas andinas de los Estados Mérida y Táchira. La subespecie *Mazama rufina briceni* se halla en el páramo de La Culata, en el Estado Mérida, a más de 4.000 metros de altitud.

Los matacanes, a diferencia de los caramerudos, son habitantes de selvas tupidas. Su tamaño es menor (0,9-1,3 m) y alcanzan hasta unos 20 kg de peso. Son de hábito muy retirado y ariscos y ocupan territorios delimitados, de los que no salen en circunstancias normales. Su alimentación vegetal es muy variada y frecuentan los conucos y claros de la selva durante la noche. El matacán corre con el lomo encorvado y atraviesa los matorrales en vez de saltarlos. Su gestación dura de 7-8 meses. Los pequeños nacen pintados; durante el día permanecen escondidos y maman de noche; pierden las pintas a los 2 ó 3 meses. Los matacanes mudan sus cachitos o clavijas irregularmente y son muy cazados por su carne y su piel, la cual se usa en ciertas regiones como Barlovento para la fabricación de instrumentos de percusión.

Tapir *(Tapirus terrestris)*

BIBLIOGRAFIA

ALLEN, Glover M.
1902: The mammals of Margarita Island, Venezuela. *Proc. biol. Soc. Wash.*, **15**: 91-97.

ALLEN, J. A.
1899: New rodents from Colombia and Venezuela. *Bull. Amer. Mus. nat. Hist.*, **12**: 195-218.

1904: List of mammals from Venezuela, collected by Mr. Samuel M. Klages. *Bull. Amer. Mus. nat. Hist.*, **20**: 337-345.
1904: New mammals from Venezuela and Colombia. *Ibíd.*, **20**: 327-335.
1910: Mammals from the Caura district of Venezuela, with description of a new species of *Chrotopterus*. *Ibíd.*, **28**: 145-149.
1911: Mammals from Venezuela collected by Mr. M. A. Carriker, Jr., 1909-1911. *Ibíd.*, **30**: 239-273.

ANDUZE, P. J.
1956: Lista de los mamíferos señalados hasta el presente en Venezuela. *Mem. Soc. Cienc. nat. La Salle*, **16** (43): 1-18.

ANTHONY, H. E.
1923: A new species of Thomasomys from Venezuela. *Amer. Mus. Novit.* (548): 1-2.

BANGS, Outram
1898: A new murine opossum from Margarita Island. *Proc. biol. Soc. Wash.*, **12**: 95-96.

BEEBE, William & CRANE, Jocelyn
1948: Ecología de Rancho Grande, una selva nublada subtropical en el norte de Venezuela. *Bol. Soc. ven. Cienc. nat.*, 11 (73): 217-258, pls. i-iv.

BERMUDEZ, Pedro J.
1969: Cuaternario y Reciente en Venezuela. *Mem. Soc. Cienc. nat. La Salle*, **29** (82): 43-59.

BUTTERWORTH, B. B. & STARRETT, A.
1964: Mammals collected by the Los Angeles County Museum Expedition to northeastern Venezuela, 1958. *Los Angeles County Mus. Contr. to Science* (85): 1-8.

CABRERA, Angel
1958-1961: Catálogo de los mamíferos de América del Sur. *Rev. Mus. Arg. Cienc. nat. "Bernardino Rivadavia"*, Cienc. Zool., **4**: XXII, 732 pp. (2 vols.).

CABRERA, A. y YEPES, J.
1940: *Mamíferos sudamericanos*. Historia Natural Ediar, Buenos Aires, 370 pp., láms.

DELACOUR, Jean
1922: Notes sur quelques mammiferes rapportés vivants de la Guyanne Française et du Vénézuela. *Rev. Hist. nat. appl.*, **3** (7): 197-199.

DUPOUY, Walter
1946: La fauna de la Provincia de Venezuela según las Relaciones Geográficas del siglo XVI. *Mem. Soc. Cienc. nat. La Salle*, **6** (15): 45-55, 3 figs., 1 map.

ERNST, Adolf
1868: Sobre los mamíferos de Venezuela mencionados por Codazzi en su *Resumen de la Geografía de Venezuela*. *Vargasia*, Caracas, 1868: 33-36.
1877: *Estudios sobre la Flora y Fauna de Venezuela*. Imprenta Federal, Caracas.
1886: Uber *Galictis crassidens* Nehr und *G. barbara im* Museo Nacional Caracas. *Sitzungber. Gesell. Naturforsch. Freunde zu Berlin*, **20**, Jul., 1886: 96-99.
1886: Ein zweites Beispiel eines pathologischen Paca-Schädels. *Zool. Jahrb. von Dr. Spengel*, **2**: 189-192.

EWEL, J. J. & MADRIZ, A.
1968: *Zonas de vida de Venezuela*. Min. Agric. Cría, Caracas, 265 pp., 119 figs., mapa.

GABALDON, Arnoldo
1930: Nota histórica sobre los Protozoarios señalados en Venezuela. *Gaceta méd. Caracas*, **37** (9): 131-140.

GELDER, R. G., van

1978: A review of the canid classification. *Amer. Mus. Novit.* (2646): 1-10.

GOERING, Anton

1876: Zur Thiergeographie Venezuelas. *Mitt. Ver. Erdk., Leipzig,* 14-24.

GRZIMEK, Bernhard (ed.).

1975: *Animal Life Encyclopedia,* vols. 10, 11, 12 y 13.

HALLEWIJN, R. & van BREE, P. J. H.

1972: On the occurrence of the Common Dolphin, *Delphinus delphis,* and the Spinner Dolphin, *Stenella longirostris,* off the coast of Venezuela. *Invest. Cetacea* (ed. G. Pilleri), **4:** 187-188, 1 tab.

HAMILTON, L. S. et al.

1976: *Conservación de los bosques húmedos de Venezuela.* Sierra Club-Consejo de Bienestar Rural, Caracas.

HANDLEY, Jr., Charles O.

1957: First records of the occurrence of the long-legged bat (Macrophyllum) in Honduras and Venezuela. *J. Mammal.,* **38:** 406-407.

1976: Mammals of the Smithsonian Venezuelan Project. *Brigham Young Univ. Sci. Bull.,* Biol. ser., **20** (5): 1-91, 1 map.

HANDLEY, Jr. C. O. & MONDOLFI, Edgardo

1963: A new species of the fish-eating rat, *Ichthyomys,* from Venezuela (Rodentia. Cricetidae). *Acta biol. venez.,* **3** (26): 417-419.

HERSHKOVITZ, Philip.

1930: A systematic and zoogeographic account of the monkeys of the genus *Callicebus* (Cebidae) of the Amazonas and Orinoco river basins. *Mammalia,* **2:** 1-80, 11 planos, 3 figs.

1972: The Recent Mammals of the Neotropical Region: a Zoogeographic and Ecological Review. *In: Evolution, Mammals and Southern Continents,* Keast, A., Erk, F. C. Glass, B. (eds.). State Univ. New York Press, Albany.

1977: *Living New World Monkeys* (Platyrrhini). With an Introduction to Primates. **1.** Univ. Chicago Press, Chicago. XIV, 1.118 pp., illus. & plates.

HUMBOLDT, A., de

1812 (1811): Sur les singes qui habitent les rives de l'Orénoque, du Casiquiare et du Rio Negro. *In:* Humboldt, A. & Bonpland, A. *Recueil d'Observations de Zoologie et d'Anatomie comparée, faite dans l'intérieur du Nouveau Continent et dans la Mer du Sud pendant les années 1799, 1800, 1801, 102 et 1803.* 2e. éd., Paris, **1:** 305-335, pls. 27-30.

1812 (1811): Tableau synoptique des singes de l'Amérique. *Ibíd.,* **1:** 353-363.

1838: Uber der Manati des Orinoko. *Archiv Naturg.,* **4** (1): 1-10.

HUMBOLDT, A., de & BONPLAND, A.

1812 (1811): *Voyage de Humboldt et Bonpland,* 2e. partie: Recueil d'Observations de Zoologie et d'Anatomie comparée. **1:** VIII, 380 pp., 50 pls.

1816: *Voyage aux Régions Equinoxiales du Nouveau Continent fait en 1799, 1800, 1801, 1802, 1803 et 1804 par A. de Humboldt et A. Bonpland.* Librairie Grecque-Latine-Allemande, Paris.

KOL, H., van

1904: *Naar de Antillen en Venezuela.* Leiden. 552 pp., figs., 3 maps.

KOOPMAN, K. F.

1958: Land bridges and ecology in bat distribution off the northern coast of South America. *Evolution,* **12:** 429-439, 2 figs.

LAVAL, Richard K.

1973: A revision of the neotropical bats of the genus *Myotis.* Nat. Hist. Mus. Los Angeles Co., *Sci. Bull.,* **15:** 1-54, 23 figs.

LINARES, Omar J.

1966: Notas acerca de *Macrophyllum macrophyllum* (Wied) (Chiroptera). *Mem. Soc. Cienc. nat. La Salle,* **26** (73): 53-61.

1967: Extensión de distribución para *Lonchophylla robusta,* con algunas notas sobre las especies venezolanas del género Lonchophylla (Chiroptera, Mammalia). *Bol. Soc. venez. Espeleol.,* **1** (1): 53-60.

1967: El Perro de monte, *Speothos venaticus* (Lund), en el norte de Venezuela. *Mem. Soc. Cienc. nat. La Salle,* **27** (77): 83-86, 1 fig.

1969: Nuevos murciélagos para la fauna de Venezuela en el Museo de Historia Natural La Salle. *Ibíd.,* **29** (82): 37-42.

1973: Présence de l'oreillard d'Amérique du Sud dans les Andes vénézueliennes (Chiroptères, Vespertilionidae). *Mammalia,* 37 (3): 433-438, 1 tab.

1968: Quirópteros subfósiles encontrados en las cuevas venezolanas. *Bol. Soc. ven. Espel.,* **1** (2): 119-145, 14 figs., 2 tabs.

1976: Albinism in the long-tongued bat *Anoura caudifera. Jour. Mamm.,* **48** (3): 461-465.

1969: Notas acerca de la captura de una rata acuática *(Neotomys squamipes)* en la Cueva del Agua (AN-1), Anzoátegui, Venezuela. *Bol. Soc. ven. Espel.,* **2** (1): 31-34.

1969: Quirópteros subfósiles encontrados en las cuevas venezolanas. Parte II. *Tadarida aurispinosa* (Peale) en Cueva de Los Carraos (MI-14), Miranda. *Ibíd.,* **2** (1): 45-48, 1 fig., 1 tab.

1970: Quirópteros subfósiles encontrados en las cuevas venezolanas. Parte III. *Desmodus rotundus* en la Cueva de La Brújula (MI-1), Miranda. *Ibíd.,* **3** (1): 32-36, 3 figs.

1970: Datos acerca de la distribución del murciélago *Natalus stramineus* y su posible interpretación (Chiroptera). *Acta cient. venez.,* **21** (Supl. 1): 85. (Resumen).

1971: A new subspecies of funnel-eared bat *(Natalus stramineus)* from western Venezuela. *Bull. So. Calif. Acad. Sci.,* **70** (2): 81-84.

1973: Studies in the bat *Natalus stramineus* of Venezuelan caves, with special reference to variation and isolation. *Proc. 6th Intern. Congr. Speleol. Olomouc, 1973.* (Resumen.)

LINARES, O. J. & KIBLISKY, Pablo

1969: The caryotype and a new record of *Molossops greenhalli* from Venezuela. *Jour. Mamm.,* **50** (4): 831-832, fig. 1.

LINARES, O. J. & LÖBIG-A, Ingrid

1973: El cariotipo del murciélago cavernícola *Natalus tumidirostris* del norte de Venezuela, y observaciones sobre las afinidades de esta especie con *N. stramineus* (Chiroptera: Natalidae). *Bol. Soc. ven. Espel.,* **4** (1): 85-95, 1 fig.

LINARES, O. J. & OJASTI, Juhani

1971: Una nueva especie de murciélago del género *Lonchorhina* (Chiroptera: Phyllostomidae) del sur de Venezuela. *Nov. Cient. Mus. Cienc. nat. La Salle,* Zool., (36): 1-8, figs. 1-4, 1 tab.

1974: Una nueva subespecie del murciélago *Pteronotus parnellii* en las cuevas de la Península de Paraguaná, Venezuela (Chiroptera: Mormoopidae). *Bol. Soc. ven. Espel.*, 5 (1): 73-78, 1 fig., 1 tab.

LINNAEUS, C.
1758: *Systema Naturae per regna tria naturae, secundum classes, ordines, genera, species, cum Characteribus, differentiis, synonymys, locis,* **1:** 1-824.
1866: *Id.*, ed. 12, **1:** 1-532.

McDANIEL, B.
1972: Labidocarpid bat-mites of Venezuela (Listrophoroidea: Labidocarpidea). *Brigham Young Univ. Sci. Bull.* (Biol. Ser.), **17** (2): 15-32, 4 figs.

MACHADO-ALLISON, C. E.
1967: The systematic position of the bats *Desmodus* and *Chilonycteris*, based on host-parasite relationships (Mammalia: Chiroptera). *Proc. biol. Soc. Wash.*, **80:** 223-226.

MEGGERS, B. J., AYENSU, E. S. & DUCKWORTH, W. D. (eds.)
1973: *Tropical Forest Ecosystems in Africa and South America: A Comparative Review.* Smithson. Inst. Press, Wash., 1-350 pp.

MENDEZ-AROCHA, J. L.
1951: Estudio de los mamíferos colectados. Contribución al conocimiento de la región Baruta-El Hatillo. *Mem. Soc. Cienc. nat. La Salle,* **11** (30): 204-236.
1953: Estudio de los mamíferos colectados por la Sociedad de Ciencias Naturales La Salle en la región de Perijá. *Ibid.*, **13** (34): 81-120.
1955: El nombre científico de los venados caramudos o caramerudos venezolanos. *Ibíd.*, **15** (41): 133-136.

MILLER, Jr., Gerrit S.
1897: Description of a new bat from Margarita Island, Venezuela. *Proc. biol. Soc. Wash.*, **11:** 139.
1898: A new rabbit from Margarita Island, Venezuela. *Ibíd.*, **12:** 97-98.

MONDOLFI, Edgardo
1954: Los murciélagos mordedores o vampiros. *Rev. Pecuaria,* Caracas, 22 (236): 19-24.
1957: El Chigüire. *El Farol,* Caracas (168): 38-40. Fotos.
1967: Descripción de un nuevo armadillo del género *Dasypus* de Venezuela. *Mem. Soc. Cienc. nat. La Salle,* **27** (78): 149-167, 4 figs., 2 tabs. (1968).
1967: Los mamíferos de la zona de Caracas. *El Farol* (221): 46-53.
1971: El armadillo gigante o cuspa. *Defensa de la Naturaleza,* Caracas, **1** (3): 29-33.
1974: Taxonomy, distribution, and status of the Manatee in Venezuela. *Mem. Soc. Cienc. nat. La Salle,* **34** (97): 4-23, fotos.
1976: Fauna silvestre de los bosques húmedos tropicales de Venezuela. *In:* HAMILTON, L. S. *& al., Conservación de los Bosques Húmedos de Venezuela.* Sierra Club-Consejo de Bienestar Rural, Caracas, pp. 113-181, ilustr.

MONDOLFI, Edgardo & MEDINA PADILLA, Gonzalo
1957: Contribución al conocimiento del "Perrito de Agua" (*Chironectes minimus* Zimmermann). *Mem. Soc. Cienc. nat. La Salle,* **17** (48): 141-155, 5 figs.

MONDOLFI, E. & MENDEZ AROCHA, J. L.
1957: Un nuevo conejo de monte de Venezuela. *Mem. Soc. Cienc. nat. La Salle,* **17** (46): 7-25, 4 figs.

MUSSO Q., Andrés
1962: Lista de los mamíferos conocidos de la Isla de Margarita. *Mem. Soc. Cienc. nat. La Salle,* 22 (63): 163-180.

NARANJO, C. J. & PACHECO, J.
1976: Notas ecológicas sobre el cachicamo *Dasypus sabanicola* en los Módulos de Apure. *Acta cient. venez.*, **27**, Supl. 1: 71-72. (Resumen.)

NEAVE, S. A.
1939-1940: *Nomenclator Zoologicus.* A list of the names of genera and subgenera in Zoology, from the tenth edition of Linnaeus to the end of 1935. The Zoological Society, London. : XIV, 957 (1939); **II:** 1-1025 pp. (1939); **III:** 1-1065 (1940); **IV:** 1-758 (1940).
1950: *Nomenclator Zoologicus, 1936-1945.* V. Zool. Soc. London, 1.308 pp.

NEVILLE, M. K.
1972: The population structure of red howler monkeys *(Alouatta seniculus)* in Trinidad and Venezuela. *Folia primat.*, **17:** 56-86, 7 figs., 9 tabs.

OJASTI, Juhani
1961. Ritmos de actividad diaria de *Proechimys* en su ambiente normal y en la Cueva del Guácharo. *Act. biol. venez.*, **3** (8): 121-140.
1963. Havaintoja Orinoken alueen luonnostajesen ekologisista piirteistä. *Luonnon Tutkija,* **67:** 137-146, 5 pls.
1966: Cuatro nuevos murciélagos para la fauna venezolana. *Acta biol. venez.*, **5** (6): 91-97, 2 figs., 1 tab.
1971: El Chigüire. *Defensa Natur.*, Caracas, **1** (3): 4-14, figs.
1971: *El chigüire apureño.* (Informe al MAC y al Fondo Nacional de Investigaciones Agropecuarias). 315 pp. (Mecanografiado.)
1972: Revisión preliminar de los Picures o Agutíes de Venezuela (Rodentia, Dasyproctidae). *Mem. Soc. Cienc. nat. La Salle,* **32** (93): 159-204.
1973: *Estudio Biológico del Chigüire o Capibara.* Fondo Nacional Invest. Agropec., Caracas. 274 pp. 67 figs., 30 pls.

OJASTI, J. & LINARES, O. J.
1971 Additions to the bat fauna of Venezuela, with notes on the species of genus Diclidurus (Chiroptera). *Acta biol. venez.*, **7** (4): 421-441, 1 fig., 2 tabs.

OJASTI, J. & MONDOLFI, E.
1968: Esbozo de la fauna de mamíferos de Caracas. *In:* U.C.V. *Estudio de Caracas,* **1:** 409-461.

OPPENHEIMER, J. R. & OPPENHEIMER, E. C.
1973a: Preliminary observation of *Cebus nigrivittatus* (Primates: Cebidae) on the Venezuelan Llanos. *Folia primat.*, **19:** 409-436, 4 figs., 10 tabs.
1973b: Behavioral observations of *Cebus nigrivittatus* (Primates) on the Venezuelan Llanos. *Bull. Zool. Soc. Amer.*, **53** (4): 23.

d'ORBIGNY, A. D.
1836: *Voyage dans l'Amérique Méridionales.* Paris et Strasbourg., **4** (2), pl. 6; Atlas zoologique, **9**, pls.
1834: Rapport sur les résultats scientifiques du voyage de M. Alcide d'Orbigny dans l'Amérique du Sud; partie zoologique. *Nouv. Ann. Mus. Hist. nat., Paris,* **3.**

d'ORBIGNY, A. D. & GERVAIS, P.
1847: Mammifères, 4 (2): 1-32, *in:* d'Orbigny, A. D., *Voyage dans l'Amérique Méridionale.* Paris & Strasbourg.

OSGOOD, W. H.

1910: Mammals from the coast and islands of northern South America. *Field Mus. nat. Hist.* Publ. 149. Zool., **10:** 23-32, pls. 2-3.

1912: Mammals from western Venezuela and eastern Colombia. *Ibid.,* Publ. 155. Zool. **10** (5): 33-66, tabs. 4-5.

1914: Four new mammals from Venezuela. *Ibíd.,* Publ. 175. Zool. **10:** 135-141.

PIRLOT, Paul

1963: Algunas consideraciones sobre la ecología de los mamíferos del oeste de Venezuela. *Kasmera,* **1** (3): 169-214, 24 figs.; *Rev. Univ. Zulia,* Maracaibo (23-24): 55-100, 24 figs.

1964: Nota sobre la ecología de ciertos quirópteros de la región del Río Palmar, Venezuela. *Kasmera,* 1 (4): 289-307, 6 figs.

1965: Chiroptères de l'est du Vénézuela. Delta de l'Orénoque. *Mamalia,* **29:** 375-389, 1 map., 5 tabs.

1965: Deux formes nouvelles de chiroptéres des genres *Europs* et *Leptonycteris. Naturaliste canad.,* **92:** 5-7.

1967: Nouvelle récolte de chiroptères dans l'ouest du Vénézuela. *Mammalia,* **31** (2): 260-274.

1972: Chiroptères de la moyenne Amazonie. *Ibíd.,* **36** (1): 71-85, 1 tab.

PIRLOT, P. & LEON, J. R.

1965: Chiroptères de l'est du Vénézuela. 1. Région de Cumana et île de Margarita. *Mammalia,* **29:** 367-374.

PITTIER, H. & TATE, G. H H.

1932: Sobre Fauna Venezolana. Lista provisional de los mamíferos observados en el país. *Bol. Soc. ven. Cienc. nat.,* **1** (1): 249-278.

RACENIS, Juan

1957: Lista de quirópteros de Venezuela. *In:* TORREALBA, J. F. *et al.,* Acerca de más especies y subespecies de quirópteros con tripanosomas parecidos al *Tripanosoma cruzi. Gaceta méd. de Caracas,* **44** (1-3): 65-71.

REIG, O. A., KIBLISKY, Pablo & LINARES, O. J.

1971: Datos sobre *Akodon urichi venezuelensis* (Rodentia: Cricetidae), un ratón de interés para la investigación científica citogenética. *Acta biol. venez.,* **7** (2): 157-189, 10 figs., 2 tabs.

ROBINSON, Wirt & LYON, Jr., Marcus Ward

1901: An annotated list of mammals collected in the vicinity of La Guaira, Venezuela. *Proc. U. S. natl. Mus.,* **24** (1246): 135-162.

RODRIGUEZ DEL VILLAR, Gonzalo

1975: Investigación submarina. *In:* Tercera exploración cientfica al Archipiélago de Los Monjes. *Bol. Soc. venez. Cienc. nat.,* **31** (130-131): 339-348.

RÖHL, Eduardo

1959: *Fauna descriptiva de Venezuela (Vertebrados).* 4.ª ed. Nuevas Gráficas, S. A., Madrid. XXXVI, 516 pp.

SANBORN, C. C.

1954: Bats from Chimantá-Tepui, Venezuela, with remarks on *Choeromiscus. Fieldiana,* Zool., **34:** 289-293.

SANCHEZ, A.

1921: *Geografía médica de la Isla de Margarita.* Caracas, VIII, 71 pp., 8 pls., 1 map.

SIMPSON, Anne Roe

1946: La fauna de mamíferos de Kamarata y Santa Elena. *In:* AGUERREVERE *et al.,* Exploración de la Gran Sabana. *Rev. Fomento* (Venezuela), (62): 234-254.

SIMPSON, G. G.

1939: Research in Venezuela. *Science,* **90** (2321).

1941: Vernacular names of South American mammals. *Jour. Mamm.,* **22:** 1-17.

1941: Some Carib Indian mammal names. *Amer. Mus. Novit.* (1119): 1-10.

SOCIEDAD DE CIENCIAS NATURALES LA SALLE

1966: *Informe preliminar sobre la expedición realizada a la Reserva Forestal de Ticoporo, Estado Barinas.* Caracas, s. p., 3 figs.

TAMAYO, Francisco

1961. Mamíferos de los Llanos de Venezuela. *El Farol,* **23** (196): 7.

1963: Habitat de mamíferos venezolanos. *Bol. Inst. Forestal Latino-Amer. Invest. y Capacit.*

1971: El Cerro Santa Ana de Paraguaná: monumentol natural. *Defensa de la Natur.,* **1** (3): 35-40, ilustr.

TARAZON GIL de SOTO, Susana

1971: *Didelphis marsupialis* Linnaeus, 1758, su importancia como reservorio del *Trypanosoma cruzi* en la región de Zipayare (Edo. Zulia-Venesuela). *Kasmera* (Maracaibo), **4** (1): 5-44, 5 figs., 10 cuadr.

TATE, G. H. H.

1947: A list of the mammals collected at Rancho Grande, in a montane cloud forest of northern Venezuela. *Zoologica,* **32** (5): 65-66.

TELLO, Jaime

1968: *Historia Natural de Caracas.* Edic. del Concejo Municipal del Distrito Federal, Caracas. 325 pp. Prólogo de Tobías Lasser.

THOMAS, O.

1898: On seven new mammals from Ecuador and Venezuela. *Ann. Mag. nat. Hist.,* (7) **1:** 451-457.

1900: Description of two new Murines from Peru and a new hare from Venezuela. *Ibíd.* (7) **5:** 354-357.

1914: Four new small mammals from Venezuela. *Ibíd.* (8) **14:** 410-414.

TREBBAU, P. & van BREE, P. J. H.

1974: Notes concerning the freshwater dolphin *Inia geoffrensis* (de Blainville, 1817) in Venezuela. *Z. Säugetierk.,* **39** (1): 50-57.

WAGENAAR HUMMELINCK, P.

1940a: A survey of the mammals, lizards and mollusks. *Studies Fauna Curaçao,* **1** (2): 59-108, figs. 20, tabs. 9-16.

1940b: Zoogeographical remarks. *Ibíd.,* **1** (3): 109-130, figs. 21-22.

WARREN, A. N.

1973: *Roraima.* Report of the 1971 British Expedition to Mount Roarima in Guyana, South America. Oxford Univ. Press, i-v, 2 pp., 1-152, figs., maps., tabs.

WONG-CHIA, C. & SHERER, W. F.

1971: Aislamiento del virus de la encefalitis venezolana de un murciélago frugívoro *(Artibeus turpis). Bol. Ofic. Sanit. Panam.,* **70** (4): 339-343, 2 tabs.

XIMENEZ, Alfredo

1970: Algunos mamíferos venezolanos en las colecciones del Museo Nacional de Historia Natural (Montevideo, Uruguay). *Actas IV Congr. latinoamer. Zool., 1966,* **1:** 257-262, 1 map. 1 fig.

ZOOLOGICAL SOCIETY

1864-1973: *The Zoological Record,* London.

INDICE*

*** Las cifras con asterisco (*) indican la ilustración.**